Frank Rönicke, Harald Schmalfuß

Frontlenker aus Russland

GAZ, MAZ & Co.

Motor
buch
Verlag

Impressum

Einbandgestaltung: Ralf Weinreich

Bildnachweis Inhalt: Archiv der Autoren, Hersteller, Bundesarchiv, Wikimedia Commons, Deutsche Fotothek, Ralf Weinreich
Umschlag: Boris Gawrilowitsch, azgaz.ru, Ralf Weinreich

Eine Haftung des Autors oder des Verlages und seiner Beauftragten für Personen-, Sach- und Vermögensschäden ist ausgeschlossen.

ISBN: 978-3-613-04760-0

1. Auflage 2025

Sie finden uns im Internet unter www.motorbuch-verlag.de

Dieses Buch wurde nach den geltenden Vorschriften der General Product Safety Regulation (GPSR) entwickelt. Bei Fragen oder Problemen wenden Sie sich bitte an den Verlag unter folgender E-Mail-Adresse: gpsr@paul-pietsch-verlage.de

Innengestaltung: ERWE-WERBUNG, Ralf Weinreich
Druck und Bindung: DZS GRAFIK d.o.o.
Printed in Slovenia

Inhalt

Vorwort	4
Einführung	6
GAZ – leichte Laster aus Gorki	14
KAZ – die Unbekannten aus Kutaissi	34
MAZ – Frontlenker aus Minsk	44
KamAZ – Großserien an der Kama	76
Sowjet-Laster in aller Welt	102
Technische Daten	116

Foto: Ralf Weinreich

Vorwort

Frontlenker waren seit den ersten Tagen im Lkw-Bau ein bekannter Anblick. Das Fahrzeug, das häufig als erster Lkw überhaupt bezeichnet wird – der Daimler Motor-Lastwagen von 1896 – war ein Frontlenker. Auch der wahrscheinlich erste in Russland entstandene Lkw, der nur sechs Jahre später in St. Petersburg gebaut wurde, übernahm dieses Konzept. Diese frühen Fahrzeuge hatten ihre Wurzeln, wie noch an vielen Stellen der Automobile jener Zeit erkennbar, im Kutschenbau. Kutschen war die später prägende Motorhaube fremd, und auch bei Lastwagen erkannte man erst nach einer kurzen Eingewöhnungsphase, dass ein vorne liegender Motor Vorteile mit sich brachte. Zunächst vereinfachte er die Konstruktion erheblich, außerdem war er wartungs- und reparaturfreundlich von fast allen Seiten erreichbar. Und so waren um 1910 bereits Hauber mit Kettenantrieb der Hinterräder üblich.

Dennoch gab es Gründe, die für den Frontlenker sprachen. In Westdeutschland verhalf ihm ab 1956 eine Reform der StVZO mehr oder weniger ungewollt zum Durchbruch, die seinerzeit unter der Bezeichnung »Seebohm'sche Gesetze« bekannt wurde. Verkehrsminister Hans-Christoph Seebohm ließ die maximal zulässigen Abmessungen und Gewichte von Lastwagen deutlich einschränken, um den Güterverkehr auf die Schiene zu verlagern. Die Reaktion der Hersteller war, vermehrt Frontlenker anzubieten. Sie hatten ein besseres Verhältnis von Länge und nutzbarer Ladefläche, waren zudem leichter und damit schlicht wirtschaftlicher. Und obwohl die Beschränkungen wenig später im Zuge der EG-Gesetzgebung wieder gelockert wurden, setzte sich der Frontlenker in Mitteleuropa durch. Aus ganz ähnlichen Gründen hatte er übrigens auch in den USA in den 1970er-Jahren im Segment der schweren Lkw ein kurzes Intermezzo, das durch regulative Lockerungen jedoch ebenso schnell wieder beendet wurde.

In den Weiten der Sowjetunion war Platz das geringere Problem, Lastzüge waren noch in den 1980ern bis 20 m Länge zulässig. Dennoch erkannte man auch hier die Wirtschaftlichkeit des Konzepts und begann ab der Mitte der 1950er-Jahre und mit dem steigenden Aufkommen von Lkw-Fernverkehr, zunehmend Frontlenker zu entwickeln. Insbesondere da, wo weniger eine militärische denn eine zivile Nutzung zu erwarten war, wurde die Idee umgesetzt. Das Militär hingegen schätzte für allgemeine Transportaufgaben auch weiter die Wartungsfreundlichkeit der Hauber, auf viel Nutzlast und Ladefläche konnte man eher verzichten. Zudem bringt eine lange Haube erhebliche Vorteile für den Fahrer mit sich, sollte der Lkw auf eine Sprengmine oder in eine ähnlich unbequeme Situation geraten. Während der GAZ-66 als Ausnahme von dieser »Regel« schon zeitig von der Sowjetarmee eingesetzt wurde, konnte sich im Bereich der Dreiachser erst der moderne KamAZ-4310 ab Anfang der 1980er wirklich behaupten. Zuvor war dieses Feld fest in der Hand von Langhaubern wie dem KrAZ-255B oder dem Ural-375.

Dieses Buch wagt den Versuch, die wichtigsten Frontlenkermodelle der Sowjetzeit vorzustellen. Es erhebt keinen Anspruch auf Vollständigkeit und auch nicht den einer tiefgreifenden wissenschaftlichen Arbeit.

Viele der folgenden Abbildungen in diesem Buch sind Wikimedia Commons entnommen. Allen freiwilligen Autoren in diesem Projekt, die ihre Bilder unentgeltlich für die größte, frei zugängliche Wissenssammlung der Welt und zur Weiternutzung zur Verfügung stellen, sei an dieser Stelle ausdrücklich gedankt.

Unser Dank geht außerdem an Michaela Hesslinger, Igersheim, für die Unterstützung bei der Textgestaltung.

Foto: Ralf Weinreich

Einführung

Foto: Ralf Weinreich

Zar Nikolaus II. hielt es ähnlich wie der deutsche Kaiser Wilhelm II., der die Meinung vertrat, das Automobil sei nur eine vorübergehende Erscheinung und würde das Pferd mittelfristig nicht ersetzen. Entsprechend waren im zaristischen Russland nur wenige erfolglose Versuche unternommen worden, eine eigene Automobilfertigung aufzuziehen. Russland war überwiegend ein Agrarland, aber wo dem Zaren technischer Fortschritt wichtig war, hatte das Land auch durchaus Erfolge zu verzeichnen. In der Herstellung von Revolvern und Infanteriegewehren zum Beispiel war das Land führend in Europa und das Maschinengewehr PM-10 war die gefürchtetste Waffe im Ersten Weltkrieg. Abgekupfert allerdings vom Amerikaner Hiram Maxim. Und das wurde schließlich auch im sowjetischen Automobil- und Nutzfahrzeugbau zur Methode: der Nachbau ausländischer Modelle, manchmal mit und oft ohne Lizenzen.

Aber grundsätzlich war der Zar keine wirtschaftliche Lenkungsinstitution, wie es sie im Kommunismus später gab. Im zaristischen Russland war es durchaus möglich, anders als später in der Sowjetunion, Wirtschaftsbetriebe privat zu gründen und erfolgreich zu führen. Wladimir Alexandrowitsch Lebedew, der die Vorläufer von JaAZ und der Luftfahrtindustrie in Taganrog begründete, war Industrieller. Das gleiche gilt für die Gründung der AMO und noch früher der Rigaer Waggonbaufabrik Ende der 1890er-Jahre, die vor dem Ersten Weltkrieg vielleicht der größte Hersteller von Kraftfahrzeugen im russischen Zarenreich war.

Die ersten Automobilfabriken

Der Gründung der Sowjetunion waren tiefe gesellschaftliche und wirtschaftliche Umbrüche im von Agrarwirtschaft geprägten Zarenreich voraus gegangen. Nachdem es im ersten Weltkrieg weite Gebiete im Osten Europas verlor, folgte ab 1918 mit dem Russischen Bürgerkrieg eine humanitäre Katastrophe, die noch erheblichere Einschnitte in das Leben der Menschen mit sich brachte und Millionen Tote forderte. Die bis zu diesem Zeitpunkt gemachten Versuche, eine Automobilindustrie aufzubauen, waren in einem völlig anderen Wirtschaftssystem erfolgt, als jenes, das der Bürgerkrieg 1922 hinterlassen hatte. Entsprechend begann man Vielerorts von neuem, eine eigene Automobilfertigung aufzubauen. Der zuvor vielleicht größte Produzent des Landes, der Pkw und leichte Nutzfahrzeuge gebaut hatte – die Rigaer Waggonbaufabrik bzw. Russo-Balt – lag nicht mehr auf russischem Boden. Lettland hatte sich 1920 seine Unabhängigkeit erkämpft und blieb es bis 1941. Zwar war das Werk schon im ersten Weltkrieg nach Russland evakuiert worden, die Automobilproduktion schaffte es jedoch nicht mehr zu nennenswerten Stückzahlen. Die AMO, das Vorläuferunternehmen des später großen sowjetischen Automobilwerks ZIL in Moskau, war erst um 1917 soweit, Automobile in annehmbaren Mengen zu produzieren. Das von der Industriellenfamilie Rjabuschinski aufgebaute Werk wurde von den Kommunisten nach der Oktoberrevolution enteignet und diente einige Jahre hauptsächlich als Reparatur- und Montagewerk für ausländische Fabrikate. Erst danach begann es mit der Produktion von eigenen Lastwagen. Darunter waren der »Uajt-AMO«, ein Nachbau des US-amerikanischen Dreitonners White TAD, von dem man zuvor ebenso Bausätze geliefert bekommen hatte wie vom Modell Fiat 15Ter aus italienischer Produktion. Dessen Montage begann 1917 und mündete schließlich ab 1924 in der Serienfertigung des AMO-F-15, der in sowjetischen Quellen zumeist als erster russischer Lastwagen bezeichnet wurde. Mit dieser Aussage überging man auch diverse andere, kleine Firmen, die im russischen Zarenreich schon Pkw und Lkw gebaut hatten. Darunter Frese, der 1902 im damaligen St. Petersburg mit dem »Frese 8 PS« einen kleinen Frontlenker und vielleicht den ersten russischen Lkw überhaupt fertig stellte.

Eng verflochten mit dem Schicksal der AMO war das vom Industriellen und Flugpionier Wladimir Lebedew in Jaroslawl ebenfalls kurz vor der Oktoberrevolution aufgebaute Automobilwerk. Das später als Jaroslawski Awtomobilny Sawod (kurz JaAZ) und noch heute als JaMZ firmierende Unternehmen etwa 280 Kilometer östlich von Moskau war

Der AMO-F-15 war nach einigen zuvor gefertigten amerikanischen White TAD und italienischen Fiat F15Ter ab Ende 1924 einer der ersten in Serie gebauten LKW in der UdSSR.

Ein Jahr später entstand in Jaroslawl mit dem Ja-3 ein Dreitonner, der auf dem amerikanischen White TAD basierte.

ebenso vorrübergehend zum Reparaturwerk umfunktioniert worden. Es überholte unter anderem größere Stückzahlen im Bürgerkrieg beschädigter Fahrzeuge. Ab 1925 mündete dies schließlich, zusammen mit den in Moskau mit dem Uajt-AMO gemachten Erfahrungen, in der Fertigung des eigenen Dreitonners Ja-3. Dieser Lastwagen begründete die Tradition vieler bekannter sowjetischer Lkw, die im Band 1 »Russlands schwere Hauber«, der 2024 in diesem Verlag erschien, vorgestellt werden.

Ab 1932 fertigte man zusätzlich in Nischi Nowgorod, im neuen Automobilwerk, eigene Fahrzeuge, die im Wesentlichen jedoch Kopien der Ford-Fabrikate blieben, die zuvor schon im Land montiert wurden. Der 1,5-Tonner lief noch kurzzeitig als NAZ-AA von den Bändern, ehe er in GAZ-AA umgetauft wurde. Anlass war, das Ende des Jahres 1932 das Unternehmen mitsamt der Stadt zu Ehren Maxim Gorkis umbenannt wurde. Das nun als Gorkier Automobilwerk, kurz GAZ, bezeichnete

Nach Ford-Vorbild (unten) lief ab Ende 1932 in Gorki der GAZ-AA von den Bändern.
(Foto: o. Zinnsoldat © CC-BY-SA-4.0; u. Ralf Weinreich)

Unternehmen, das sich in der Folge zum größten Automobilhersteller des Landes entwickelte und noch heute existiert, war in jener Zeit ebenso von amerikanischen Einflüssen geprägt wie andere Werke in der Sowjetunion. Näheres dazu im Kapitel »GAZ – leichte Laster aus Gorki« im Anschluss an diese Einführung.

Die Aufsplitterung der Werke im Zweiten Weltkrieg

Im oben genannten Buch kann jeder Interessierte auch nachlesen, wie es mit den beiden ersten Nutzfahrzeugwerken der Sowjetunion nach dem Überfall Nazideutschlands auf das Land im Sommer 1941 weiter ging. Für das Werk in Moskau, das inzwischen abgekürzt »ZIS« (Sawod Imeni Stalina) nach dem Diktator Josef Stalin benannt worden war, bedeutete das die Verlagerung von Produktionsteilen hinter den Ural und den Beginn der Fertigung des ZIS-5 im Mai 1942 in Uljanowsk. Auch das Werk in Gorki gab Kapazitäten nach Uljanowsk ab, wo der GAZ-MM nun aus der Produktionshalle rollte. Später wurde das Werk durch seine Geländewagen und Kleintransporter (UAZ) bekannt. Das zweite neue LKW-Werk entstand in Miass, im mittleren Ural, wo ab 1944 der ZIS-5W für das Militär gebaut wurde. Miass wurde später durch den Bau des Ural-375 regelrecht berühmt.

Das Werk in Jaroslawl baute noch bis 1940 Lastwagen, ehe dem Betrieb mit dem Eintritt in den Zweiten Weltkrieg andere Prioritäten, zum Beispiel Artillerieschlepper, gesetzt worden waren. Nach dem Krieg wurden zunächst weiter LKW gebaut; bald schon wurde das Werk aber zum Zulieferbetrieb, vor allem für Nutzfahrzeugmotoren, umgewandelt. Ab 1959 lief die Fertigung der großen Laster im »Krementschuker Automobilwerk KrAZ« in der Ukraine weiter. Ein anderer Produktionsstrang aus Jaroslawl kam zum Minski Awtomobilny Sawod (MAZ) nach Weißrussland, für das noch 1944 der Grundstein gelegt worden war. Aus dem JaAZ-200 wurde hier der MAZ-200 und ab 1951 entstanden die Großkipper MAZ-525 und MAZ-530.

Zu den bekanntesten Sowjetlastern gehört zweifellos der Ural-375. Hier mit dem Mehrfachraketenwerfer BM-21 bestückt. (Foto: Dmitry A. Mottl © CC-BY-SA-3.0)

Das musste gefeiert werden: Fast 60 Jahre nach der Großen Oktoberrevolution standen die ersten KamAZ-Lkw auf dem Roten Platz in Moskau.

Das jüngste der großen sowjetischen Nutzfahrzeugwerke wurde 1976 in der russischen Industriestadt Nabereschnyje Tschelny in Betrieb genommen. An der Kama, dem größten Nebenfluss der Wolga und fünftgrößten Fluss Europas, gelegen, erhielt das Werk dann auch die Bezeichnung »Kamski Awtomobilny Sawod« kurz KamAZ. Die Geschichte des Werks und seiner Fahrzeuge wird in diesem Buch ausführlich dargestellt.

Das Leih- und Pachtgesetz

Hatten sich die sowjetischen Lastwagenkonstrukteure schon seit den 1920er Jahren an amerikanischen Mustern orientiert, setzte sich die »Amerikanisierung« während des Zweiten Weltkrieges fort. Das sogenannte »Leih- und Pachtgesetz« führte fast zwangsläufig auf diesen Weg. Das Gesetz (englisch Lend-Lease Act, offiziell ein Gesetz, um die Verteidigung der Vereinigten Staaten zu fördern) wurde vom US-Kongress am 18. Februar 1941 verabschiedet. Es ermöglichte den Vereinigten Staaten, kriegswichtiges Material wie Waffen, Munition, Fahrzeuge, Treibstoffe, Nahrungsmittel, Flugzeuge usw. an jede Nation zu liefern, wenn der Präsident diese als lebenswichtig für die Sicherheit der Vereinigten Staaten einstufte.

Großbritannien, die UdSSR, China und viele andere Staaten erhielten aufgrund des Leih- und Pachtgesetzes Güter in einem Gesamtwert von knapp 50 Milliarden US-Dollar. Das Programm lief im August 1945 nach der Kapitulation Japans aus.

In die Sowjetunion kamen auf diesem Weg hunderttausende amerikanische Fahrzeuge und Fahrzeugkomponenten, vor allem Motoren, die dann oft zur Konstruktionsbasis weiterentwickelter oder neuer Fahrzeuge wurden.

Die Typensysteme

In der Sowjetunion kamen verschiedene Systeme für die Klassifizierung und Bezeichnung von Kraftfahrzeugen zur Anwendung.

Das gegenwärtig immer noch genutzte System wurde 1966 eingeführt. Nach ihm werden Lastkraftwagen nach ihrem Gesamtgewicht typisiert.

Das vorherige wurde 1945 eingeführt und 1966 durch das neue System abgelöst, das aber nur auf ab 1966 produzierte Fahrzeuge angewendet wurde.

Das erste System beinhaltete eine Buchstabenkombination für den Hersteller und dazu im Anschluss eine zwei- oder dreistellige Nummer.

Mit dem Leih- und Pachtgesetz kam eine große Anzahl US-amerikanischer Studebaker US6 in verschiedenen Ausführungen in die Sowjetunion. (Foto: Pibwl © CC-BY-SA-3.0)

Beim KamAZ-53212 stand die 5 für das zulässige Gesamtgewicht (in diesem Fall 19 Tonnen), die 3 für Lastkraftwagen (in aller Regel Pritschenausführung), die Ziffern 2 und 1 für die interne Modellfolge und die letzte 2 für eine Überarbeitung des ursprünglichen Modells.

Dabei wurde jedem Hersteller ein Nummernblock zugewiesen, innerhalb dieses Blockes wurden die Entwicklungen fortlaufend nummeriert.

Durch Neugründungen von Herstellern zwischen 1945 und 1966 mussten die zugewiesenen Nummernbereiche teilweise aufgeteilt werden.

Bei Übergabe der Serienproduktion von einem Herstellerwerk zu einem anderen blieb meist die Nummerngruppe erhalten; es änderte sich nur die Buchstabengruppe. So führten etwa der MAZ-200 und der MAZ-205 eine Nummer aus der Gruppe des Jaroslawski Awtomobilny Sawod, da sie dort entwickelt worden waren. Modellvarianten wurden durch zusätzliche, der Nummerngruppe nachgestellte Buchstaben gekennzeichnet (zum Beispiel Ural-375A, Ural-375DM, Ural-375SNM usw.).

Das Klassifizierungssystem von 1966 besteht aus einer Buchstabengruppe für das Herstellerwerk und einer mindestens vierstelligen Zifferngruppe. Im Lkw-Bereich stand die erste Ziffer für das zulässige Gesamtgewicht in Kilogramm (2 bis 2.000 kg; 3 bis 8.000 kg; 4 bis 14.000 kg; 5 bis 20.000 kg; 6 bis 40.000 kg, 7 mehr als 40.000 kg). Die zweite Ziffer gibt die Art des Transportmittels an: 3 = Lastkraftwagen, 4 = Zugmaschine, 5 = Kipper, 6 = Tankwagen, 7 = Kofferfahrzeug, 9 = Spezialfahrzeug.

Die dritte und vierte Ziffer wurde vom Hersteller zur Unterscheidung der eigenen Fahrzeugmodelle vergeben. Gab es an einem bestehenden Modell wesentlich Veränderungen, konnte eine fünfte Zif-

fer hinzugefügt werden. Die sechste Ziffer war ausschließlich zur Kennzeichnung von Exportvarianten gedacht: 1 = kalte Klimazonen, 4 = Rechtslenker, 6 = gemäßigte Klimazonen, 7 = tropische Klimazonen, 8 und 9 für sonstige Exportausführungen.

Das System gilt – mit Abwandlungen in der Bedeutung der einzelnen Ziffern, auch für Pkw, Anhänger und Omnibusse.

Produktionszahlen

Bis 1931 waren aus Jaroslawl und dem Moskauer AMO-Werk zusammen gerade einmal 7.364 Lastwagen und Omnibusse gerollt. Für das riesige Land ein Tropfen auf den heißen Stein. Allein 1938 bauten die nun drei Werke zusammen schon 182.400 Nutzfahrzeuge. Das zeigt, welche außergewöhnlichen Anstrengungen unternommen worden waren, die Lkw-Produktion im Land voranzubringen. Der Krieg veränderte dann nicht nur die Produktionsprofile, es gab auch zahlreiche Zerstörungen, etwa bei Zulieferbetrieben. 1950 konnten dann aber schon wieder fast 300.000 Lastwagen und Omnibusse ausgeliefert werden. Mitte der 1970er Jahre waren es über 700.000 und 1985 sogar etwa 900.000 Fahrzeuge. Nach 1990 gingen die Zahlen dann aber auch genauso rasant wieder zurück. Einerseits war der Ostblock zusammengebrochen, eines der Hauptexportländer, die DDR, fuhr seine Sowjetimporte von heute auf morgen auf Null herunter. Andererseits plagte die auseinanderfallende Sowjetunion eine schwere Wirtschaftskrise, die auch die Inlandsnachfrage stark beeinträchtigte. Zusätzlich öffnete sich der Markt für nicht regulierte Importe von Kraftfahrzeugen aus dem Ausland, die zu diesem Zeitpunkt oft technisch fortschrittlicher und bequemer waren. Nicht alle Hersteller überlebten diese Zeit, einige Unternehmen wie ZIL trieben die Spätfolgen des Zerfalls der Sowjetunion und die nachfolgende Misswirtschaft noch 25 Jahre später in die Insolvenz.

Mit der Inbetriebnahme des KamAZ-Werkes in Nabereschnyje Tschelny sollte die Nutzfahrzeugjahresproduktion in der UdSSR nach 1976 um rund 150.000 Lastwagen ansteigen.

GAZ – leichte Laster aus Gorki

(Foto: SPC Eric E. Hughes)

Wenngleich der Titel dieses Buches die sowjetischen Lkw mit Frontlenker-Fahrerhäusern ankündigt, muss die Geschichte im Fall der Fabrik in Gorki mit den Haubern beginnen. Bei GAZ stand erst mit dem Modell GAZ-66 im Jahre 1964 ein moderner Frontlenker auf den Rädern. Die in den 30 Jahren davor gebauten leichten Hauber sind im Band »Russlands schwere Hauber« ebenso wenig vorgestellt worden wie die Geschichte des Werkes selbst.

Der sowjetische Fünfjahresplan, der von 1928 bis 1932 galt und unter anderem den Ausbau der Nutzfahrzeugfertigung im Land deutlich voranbringen sollte, beinhaltete den Bau einer neuen Automobilfabrik in Nischni Nowgorod. Der 400 Kilometer östlich von Moskau liegende Ort wurde 1932 in »Gorki« umbenannt. Der Schriftsteller Maxim Gorki hatte sich nach der Oktoberrevolution ganz in den Dienst der Kommunisten gestellt und war sozusagen zum Nationalschriftsteller der Sowjetunion avanciert.

In Zusammenarbeit von einheimischen Baufirmen, der Ford Motor Company (der Oberste Wirtschaftssowjet hatte 1929 ein Abkommen mit dem amerikanischen Autobauer Ford geschlossen; von ihm sollten Produktionsanlagen importiert und Lizenzen für die ersten Modelle übernommen werden) und dem amerikanischen Architekten Albert Kahn, der weltweit hunderte Automobilfabriken mit Fließbandfertigung entwarf und baute, entstand ab 1929 das Automobilwerk NAZ, in dem neben leichten Lastkraftwagen auch Pkw produziert werden sollten. Anders als die Werke in Moskau und Jaroslawl hatte es keine zaristische Vorgeschichte, sondern wurde »auf der grünen Wiese« komplett neu errichtet. Es wiederholte sich das System, das schon ein paar Jahre zuvor vom Moskauer Automobilwerk angewendet wurde: Der Autoschlosser Andrei Aleksandrowitsch Lipgart wurde nach seinem Hochschulbesuch zum Studium der US-Fahrzeugindustrie nach Amerika geschickt und nach seiner Rückkehr 1933 zum Chefkonstrukteur bei GAZ gekürt. Ein Posten, den er bis 1951 innehatte, ehe er bei Stalin in Ungnade fiel.

1932 liefen noch gut 3600 leichte Lastwagen unter der Bezeichnung NAZ-AA von den Bändern, bevor auch das Automobilwerk in GAZ umbenannt wurde. 1937 durchbrach der Ausstoß der Fabrik die Marke von 70.000 Fahrzeugen. Diese Zahl wurde in Gorki erst einige Jahre nach dem Zweiten Weltkrieg wieder übertroffen.

GAZ-AA und GAZ-AAA

Am 29. Januar 1932 verließ der erste komplett in Eigenregie gefertigte NAZ-AA das Werk in Nischni Nowgorod. NAZ deshalb, weil die Umbenennung der Stadt in Gorki erst noch bevorstand. Der bald GAZ-AA bezeichnete kleine Lastwagen, der in den USA als Pick-Up lief, war noch nach den Zeichnungssätzen von Ford entstanden. 1932 entstanden 3612 NAZ-AA, 3865 GAZ-AA und noch 122 originale Ford

Der Ford AA, hier ein Modell von 1930, stand Pate für den ersten eigenen Kleinlaster aus Nischni Nowgorod (Gorki). (Foto: Vauxford © CC-BY-SA-4.0)

Der GAZ-MM – was damals (zumindest in der UdSSR) noch als Lastwagen galt, ginge heutzutage nur noch als Transporter durch. (Foto: Stolbovsky © CC-BY-SA-4.0)

AA, die in einem anderen Stadtbezirk schon seit 1929/30 aus amerikanischen Bausätzen montiert worden waren. Angetrieben wurden die leichten Fahrzeuge mit einer Nutzlast von nur 1500 kg von einem Vierzylinder-Benzinmotor mit 3285 ccm Hubraum, der 40 PS mobilisierte. Das reichte für eine Höchstgeschwindigkeit von maximal 70 km/h.

Neben der Produktion in Gorki hatte auch das Automobilwerk KIM in Moskau, das spätere Moskwitsch-Werk, bereits von 1930 bis 1933 Bausätze des Ford Modell AA montiert. Ab Dezember 1932 wurden hier nun auch GAZ-AA-Lastwagen mit zugelieferten Teilen aus Gorki montiert. Etwa 30 bis 50 Prozent der Produktion liefen schließlich durch das KIM-Werk, das bis 1939 als Zweigwerk von GAZ geführt wurde. Der GAZ-AA wurde bis 1941 in Gorki gefertigt.

Vornehmlich für die Rote Armee zum Ziehen von Geschützen und ähnlichen Anhängseln war der Dreiachser GAZ-AAA vorgesehen, der durch ein zusätzliches Zweiganggetriebe und der zweiten angetriebenen Hinterachse einigermaßen geländetauglich war.

Ab Ende 1934 wurde neben dem Zweiachser der Dreiachser GAZ-AAA in die Serienproduktion überführt, der vornehmlich militärischen Zwecken dienen sollte. Bei zunächst gleicher Motorleistung konnten durch den verstärkten Hinterbau zwei Tonnen auf der Straße geladen werden, im Gelände blieb es bei den 1,5 Tonnen. Dabei war der kleine Laster durchaus geländegängig, obwohl nur die beiden hinteren Achsen angetrieben wurden. Ein zweistufiges Untersetzungsgetriebe verbesserte aber die Zugkraft und sorgte für acht Vorwärts- und zwei Rückwärtsgänge. 1937 wurde die Motorleistung auf 50 PS erhöht, was eine Steigerung der Höchstgeschwindigkeit von 55 auf 65 km/h ermöglichte. Von da an wurden für die Rote Armee auch Fahrzeuge mit verstärkten Vorderachsen und Ganzstahlpritschen ausgeliefert. Während des Krieges wurde der Aufbau wegen der Materialkontingentierung wieder vereinfacht und zum Beispiel das Fahrerhaus aus Leinwand und Holz aufgebaut. 1944 wurde die Fertigung des GAZ-AAA eingestellt; bis dahin hatten über 37.000 dieser Dreiachser die Montagehalle verlassen.

GAZ-MM

1938 kam parallel zum weiter produzierten GAZ-AA das Modell GAZ-MM mit dem jetzt auf 50 PS gesteigerten Motor und marginalen Veränderungen der übrigen Technik dazu. Auch hier wurde kriegsbedingt gespart; ab 1942 bestand das Dach aus einem Leinenverdeck, der Aufbau des übrigen Fahrerhauses wurde aus Holz gefertigt, auf die Stoßstangen und den zweiten Scheinwerfer musste verzichtet werden.

Neben der bis 1949 laufenden Fertigung in Gorki wurde bereits 1947 mit der Verlagerung der Produktion des Typs GAZ-MM an das Uljanowski Awtomobilny Sawod (UAZ) begonnen, wo der kleine Laster noch bis 1951 aus der Montagehalle rollte. Dies war

Mit einer kleinen Leistungsspritze und minimalen technischen Veränderungen wurde 1938 aus dem Modell GAZ-AA der Typ GAZ-MM.

Mit einem Holzvergaser ausgerüstet, gab es ab 1939 den GAZ-42.

notwendig geworden, um Kapazitäten für den neuen GAZ-51 freizusetzen. Vom GAZ-MM gab es einige Varianten, die hier zumindest erwähnt werden sollen. Wie der GAZ-42, ein bereits für den GAZ-AA projektiertes Modell, das mit Holzgas betrieben von 1939 bis 1946 in größeren Stückzahlen gebaut wurde. Und der GAZ-S1 als Hinterkipper, dessen vom Stahlwerk Swerdlow gefertigte Mulde 1,1 Kubikmeter Schüttgut aufnehmen konnte. Ab 1935 war dieses Fahrzeug noch ein Ableger des GAZ-AA, nach der Einführung des Typs GAZ-MM erhielt der Kipper ab 1940 die Bezeichnung GAZ-410 und blieb bis 1950 im Programm.

Mit dem GAZ-44 wurden 1939 bis 1941 auch knapp 100 Fahrzeuge auf Basis des Fahrgestells des GAZ-MM für Erdgasbetrieb ausgerüstet.

Und so sahen die kleinen GAZ-Lastwagen in den mageren Kriegsjahren aus. Einfachstes Fahrerhaus, keine Stoßstangen, nur ein Scheinwerfer.

GAZ-51 und GAZ-51A

Die Ford-Werke hatten die Produktion ihres Modells GAZ-AA bereits 1931 eingestellt, was einerseits die Großzügigkeit der Amerikaner gegenüber den Sowjets erklärt, andererseits aber auch zeigt, dass die folgenden GAZ-Typen schon bei ihrem Erscheinen nicht mehr dem neusten Stand der Technik entsprachen. Dies war den Mannen in Gorki mit A. A. Lipgart an der Spitze natürlich bewusst und so hatten sie bereits 1937 mit der Entwicklung eines Nachfolgetyps begonnen. Die Hauptziele waren dabei die Erhöhung der Zuladung auf 2,5 Tonnen, damit einhergehend ein leistungsstärkerer Motor und ein moderneres Erscheinungsbild des Fahrerhauses, das am Ende dem des amerikanischen Studebaker US6 nicht ganz unähnlich war.

Nachdem eines der ersten Fertigungsmuster im Juli 1945 im Kreml präsentiert und mit Wohlwollen aufgenommen worden war, konnte im Januar 1946 die Serienproduktion beginnen. Als Antrieb diente mit dem Motor GAZ-11 ein alter Bekannter, der in Gorki schon vor dem Krieg im Pkw-Bau Verwendung gefunden hatte. Der Sechszylinder-Ottomotor mit 3480 ccm Hubraum war die getreue Kopie eines amerikanischen Dodge-Motors, der 70 PS leistete, das Fahrzeug auf maximal 70 km/h beschleunigte und mindestens 20 Liter Sprit auf 100 Kilometer verbrauchte. Die Ladefläche der Standardpritsche betrug gut 6,3 Quadratmeter, die Anhängelast durfte maximal 3,5 Tonnen betragen.

Mit einigen optischen Veränderungen, deutlich an den Rundungen des Fahrerhauses erkennbar – die es vermutlich auch schon zuvor bei einigen GAZ-51 gegeben hatte – sowie auch kleineren technischen Weiterentwicklungen erschien 1955 der GAZ-51A. Die Basisfahrzeuge waren, wie auch vor der Modernisierung, beim alten und beim neuen 51er immer Wagen mit Holzpritschen, aus denen aber zahlreiche Varianten hervorgingen. Genannt seien hier die Sattelzugmaschine GAZ-51P, der Krankenwagen GAZ-51K, das Fahrgestell für Feuerwehraufbauten GAZ-51M oder der GAZ-51L mit verstärktem Rahmen für eine Zuladung von drei Tonnen.

Obwohl es mit dem GAZ-52 ab 1966 ein Nachfolgemodell gab, wurde der GAZ-51 noch bis 1976 weitergebaut. Er war in Wirtschaft und Militär eines der beliebtesten Fahrzeuge und wurde in viele Länder exportiert. 1958, im Jahr des höchsten Ausstoßes, waren 173.000 GAZ-51 aus dem Werk in Gorki gerollt, insgesamt waren es dann bis 1975 fast 3,5 Millionen Exemplare.

Der GAZ-51 mit einer Kabine in Mischbauweise in seiner zweiten, von 1951 bis 1955 gebauten Version.

Noch während des Jahres 1955 löste der GAZ-51A, der jetzt ausschließlich das neue, rundlichere Fahrerhauses trug, seinen Vorgänger ab.

Auf Basis des GAZ-51A entstand von 1956 bis 1975 eine nicht bekannte Anzahl von Sattelschleppern mit der Bezeichnung GAZ-51P.

Eine andere Variante war das Fahrgestell GAZ-51F für Kofferaufbauten.

GAZ-93 und GAZ-93B

Neben dem Militär fiel dem Bauwesen in der Sowjetunion eine Schlüsselrolle zu. Entsprechend mussten auch hier Kapazitäten in Form von Baumaschinen verschiedenster Art und Lkw mit Kippvorrichtungen geschaffen werden. Einen kleinen Beitrag dazu steuerte das Gorkier Automobilwerk mit dem vom GAZ-51 abgewandelten Hinterkipper GAZ-93 bei. Ab Dezember 1948 wurde diese Variante allerdings nicht in Gorki, sondern in einem Werk in Odessa montiert, wobei Antriebs- und Fahrwerkstechnik mit den Pritschenfahrzeugen weitgehend identisch waren. Auf dem Fahrgestell war jedoch eine Ganzstahlkippmulde, die auf einen U-Profilträger-Rahmen aus Stahl geschweißt war, montiert. Die Mulde fasste maximal 1,65 Kubikmeter Schüttgut, das in einem Winkel von 50° nach hinten abgekippt werden konnte. Der hydraulische Kippzylinder wurde vom Fahrerhaus aus betätigt. Mit dem Wechsel zum GAZ-51A wurde dann ab 1956 auch der Kipper auf das überarbeitete Modell umgestellt und erhielt die Bezeichnung GAZ-93B. Ab 1959 wurde die Fertigung nach Saransk verlegt und das dortige Saranski Sawod Awtosamoswalow (SAZ) baute das Modell noch bis 1976 weiter. Über 312.000 GAZ-93 waren bis dahin entstanden.

Der Hinterkipper GAZ-93 in seiner ersten Ausführung von 1948.

Ab 1956 wurde der Kipper dem überarbeiteten GAZ-51A angepasst. (Foto: Gennady Grachev © CC-BY-SA-2.0)

GAZ-63 und GAZ-63A

Es war das übliche Muster in der sowjetischen Lkw-Produktion: von den meisten Grundtypen mit Hinterachsantrieb entstanden parallel auch Allradversionen, vornehmlich für militärische Einsatzzwecke. So war das auch beim GAZ-51, dessen konstruktive Vorarbeiten Ende der 1930er Jahre schon die Allradversion beinhalteten.

Nach einigen Prototypen und Nullserienfahrzeugen begann Ende September 1948 die Serienfertigung des allradgetriebenen GAZ-63. Etwa 80 Prozent der eingesetzten Fahrzeugteile kamen vom GAZ-51, unter anderem die größere Bereifung, das zweistufige Verteilergetriebe und die Antriebsachsen blieben jedoch dem Allradler vorbehalten. Im Laufe der Bauzeit kamen einige Verbesserungen wie die Heizung für das Fahrerhaus und die Vorwärmeinrichtung für den Motor hinzu. Vom GAZ-63 wurden eine Vielzahl von Abwandlungen herge-

In den Streitkräften des Ostblocks fand der GAZ-63A mit der im Bug eingebauten Seilwinde eine große Verbreitung.

Zwei Jahre nach dem Beginn der Serienproduktion des GAZ-51 begann im September 1948 die Fertigung der Allradvariante GAZ-63.
(Foto: Sergey Rodovnichenko © CC-BY-SA-2.0)

Auch vom GAZ-63 gab es eine Sattelschlepperversion mit der Bezeichnung GAZ-63P. Von 1958 bis 1968 wurde diese Variante mit doppeltbereifter Hinterachse gebaut.

stellt, von denen der GAZ-63A mit zusätzlicher Frontseilwinde zwischen den verlängerten Rahmenlängsträgern herausstach, denn dieses Fahrzeug war eine der meistgebauten Varianten und aus der Roten Armee und den Armeen der sozialistischen Bruderstaaten nicht wegzudenken. Die Kasernierte Volkspolizei und danach die Nationale Volksarmee der DDR nutzten ihn ab 1952 mit Kofferaufbau unter anderem als Spezialfahrzeug für die Nachrichtenübertragung.

Vom GAZ-63 und seinen Varianten entstanden bis 1968 insgesamt 474.464 Exemplare.

Abseits befestigter Straßen befand sich der Allrad-GAZ in seinem wahren Habitat. (Foto: Ralf Weinreich)

GAZ-52

Im Buch »Russlands schwere Hauber« wurde bereits der GAZ-53 vorgestellt, da er mit seinen vier Tonnen Nutzlast eben diesen eher zuzuordnen war als den kleinen Zweitonnern. Immerhin teilten sich beide Laster das gleiche Fahrerhaus.

Der GAZ-52 war zunächst eigentlich ein GAZ-51, jetzt mit dem neuen Fahrerhaus und einigen kleinen Weiterentwicklungen. In den Jahren 1958 und 1959 wurden in Gorki 300 dieser Fahrzeuge, die im Nachhinein die Bezeichnung GAZ-53F erhielten hergestellt. Danach passierte bis auf ein paar Prototypen nichts mehr, ehe schließlich 1966 die Serienfertigung des jetzt GAZ-52-03 genannten Fahrzeugs begann. Der Zweieinhalbtonner verfügte gegenüber dem Vorgänger über einen um 400 Millimeter verlängerten Radstand und die Leistung des alten seitengesteuerten Reihensechszylinders war durch ein paar kleine Eingriffe auf 75 PS gesteigert worden. Die Höchstgeschwindigkeit blieb dabei unverändert. Die maximale Anhängelast betrug 2,5 Tonnen. Nur bis 1973 wurde dieser kleine Hauber produziert, eine verhältnismäßig kurze Zeit für einen sowjetischen Lkw. Das Ende des Fahrerhauses in dieser Gewichtsklasse war es aber noch nicht. 1975 setzte man es auf den ansonsten unverändert gebliebenen GAZ-51A und nannte das Ganze nun GAZ-52-04. Bis 1989 lief das Modell in mehr als einem Dutzend Varianten aus der Montagehalle in Gorki.

Ein GAZ-52 mit nicht ganz serienmäßigen Aufbau zum Kohletransport. (Foto: Jeka3000 © CC-BY-SA-2.0)

Dieser GAZ-52 in Standardvariante mit Holzpritsche diente in der Ukraine als Fahrschulfahrzeug. (Foto: Novoklimov © CC-BY-SA-4.0)

Auch 1984 rollte der GAZ-52-04 noch aus der Montagehalle des Automobilwerks in Gorki.

GAZ-66

In der Sowjetunion, wo man – wie in anderen Ostblockstaaten auch – Vorkriegstechnik des Kraftfahrzeugbaus noch jahrzehntelang weiternutzte, war das Erscheinen des neuen Frontlenkers GAZ-66 im

Wie bereits bei den Vorgängermodellen war auch beim neuen GAZ-66 die Pritschenausführung die Standardversion, die in hohen Stückzahlen produziert wurde.

In der Sowjetarmee und den Streitkräften der sozialistischen Bruderstaaten war der GAZ-66 häufig mit Kofferaufbau für das Fernmelde- oder Nachrichtenwesen unterwegs. (Foto: Bestalex)

Jahre 1964 schon fast eine Revolution. Der GAZ-66 sollte als geländegängiger Allradler dem GAZ-63 folgen und war diesem schließlich in allen Belangen überlegen. Lediglich die Nutzlast beließ man bei zwei Tonnen, was für die angestrebten Einsatzbereiche auch völlig ausreichte. Durch eine Absenkung des Fahrzeugschwerpunktes und eine breitere Spur wurden die Geländeeigenschaften verbessert und mit dem neuen V8-Ottomotor, der mit 115 PS und 284 Nm deutlich an Zugkraft gewonnen hatte, war ein adäquates Antriebsaggregat gefunden worden. Der Motor ZMZ-66, der dann auch ähnlich den GAZ-53A antrieb, war aus alten amerikanischen Vorbildern (Ford) heraus in Jaroslawl weiterentwickelt worden. Durch die nun mögliche Höchstgeschwindigkeit von 95 km/h war der kleine Lkw jetzt auch besser auf langen, befestigten Straßen nutzbar.

Herausragend am Erscheinungsbild des GAZ-66 war natürlich die Frontlenker-Fahrerkabine, die im Automobilwerk in Gorki zur Anwendung kam. Die

Angaben für den Kippwinkel variieren in verschiedenen Publikationen, er betrug für Wartungs- und Reparaturzwecke aber vermutlich maximal 55°.

Im Laufe seiner Bauzeit, die letztendlich bis 1999 dauerte, erfuhr der kleine Frontlenker zahlreiche kleinere und größere Modifikationen. Wesentliche Verbesserungen betrafen die elektrische Anlage (1981) und die Überarbeitung des Motors (1985), der danach 120 PS leistete. Die Bezeichnung des Fahrzeugs lautete jetzt GAZ-66-11. In den im letzten Kapitel angegebenen technischen Daten wird die Bauzeit bis 1984 berücksichtigt. Nach dem Ende der Sowjetunion wurden auch verschiedene Dieselmotoren westlichen Ursprungs eingesetzt.

Soldaten in Usbekistan beim Ankippen des Fahrerhauses eines GAZ-66. (Foto: Roy A. Santana)

Nach dem Ankippen der Fahrerkabine kommt der Achtzylinder-V-Benzinmotor zum Vorschein. Dieser hier hat ganz offensichtlich schon ein längeres Leben hinter sich. (Foto: RG72 © CC-BY-SA-4.0)

Der Arbeitsplatz des GAZ-66-Fahrers mit abgenommener Motorraumabdeckung. (Foto: Richard Allen © CC-BY-SA-2.0)

GAZ-66-Varianten

Natürlich gab es auch vom GAZ-66 erneut zahlreiche Varianten, von denen hier nur die wichtigsten genannt werden können. Wieder gab es das Modell mit einer eingebauten Seilwinde. Von 1964 bis 1984 wurde dieser GAZ-66A gebaut, der nach 1966 die Bezeichnung GAZ-66-02 erhielt. Weiterhin gab es eine Version mit Reifendruckregelung und hier wiederum mit oder ohne abgeschirmte elektrische Anlage. Für die erweiterte militärische Nutzung war der GAZ-66B mit abgespecktem Gewicht (u. a. Stoffverdeck) als Luftlandeversion ein wichtiges Element. Für überwiegend militärische oder luft-

Der Öltankwagen MS-66 auf der Basis des GAZ-66 mit einem Betriebsfassungsvermögen von 800 Litern.

Neben den großen Schneeschleudern auf ZIL- und Ural-Basis war der GAZ-66 als Universalschneelader UP-66 ein unverzichtbarer Helfer im russischen Winter.

fahrttechnische Zwecke wurden der Öltankwagen MS-66 mit einem Fassungsvermögen von 800 Litern und der Universalschneelader UP-66, der 90 Tonnen Schnee pro Stunde auf ein Begleitfahrzeug laden konnte, gebaut.

In der DDR sah man den GAZ-66 fast ausschließlich bei der NVA und hier neben der Holzpritsche vor allem mit Kofferaufbau für Fernmeldetrupps.

Mit allen Varianten und Prototypen wurden 965.941 GAZ-66 bis 1999 hergestellt.

Nach dem Ende der Sowjetunion

Neben den genannten Lastkraftwagen, die nach heutigem Maßstab eher unter die Rubrik Transporter fallen, fertigte man in Nischni Nowgorod wie die Stadt nach 1990 wieder hieß, ja auch Geländewagen und diverse Pkw-Typen wie etwa die Wolga-Modelle. Damit schleppte sich das GAZ-Werk, das bei diesem Namen geblieben war, noch bis 2011 hin. Danach gab es keine Fertigung eigener Pkw mehr. Stattdessen landeten VW- und Skoda-Modelle auf den modernisierten Montagebändern, ehe sich der deutsche Konzern mit dem Beginn des Krieges in der Ukraine im März 2022 aus Russland zurückzog.

1994 kam das Werk mit dem 1,5-Tonnen-Transporter GAZelle auf den russischen Markt und sicherte sich in den Folgejahren hier einen Marktanteil von bis zu 40 Prozent. Mit der Aufnahme der Fertigung des Mercedes Sprinter ab 2012 liefen die beiden Modelle (seit 2013 GAZelle NEXT) parallel von den Montagebändern. 2018 wurde das Joint Venture mit Mercedes Benz wieder aufgekündigt.

Mit den Modellen GAZon NEXT (Heckantrieb) und Sadko NEXT (Allradantrieb) werden bis heute Lastwagen gebaut, die zwischen 2,3 und 5 Tonnen Nutzlast aufnehmen können.

Der GAZon NEXT, der auch 2024 noch in Nischni Nowgorod gebaut wurde, trat mit seinen knapp fünf Tonnen Nutzlast in die Fußstapfen des GAZ-52. (Foto: Artem Svetlov © CC-BY-SA-2.0)

GAZon Next mit Müllsammelaufbau. (Foto: azgaZ.ru)

Den neuen GAZ C41A23 Sadko Next gibt es natürlich auch wieder in grün. (Foto: azgaZ.ru)

KAZ – die Unbekannten aus Kutaissi

(Foto: trolleway © CC-BY-SA-2.0)

In Kutaissi, in der damaligen Georgischen Sowjetrepublik gelegen, waren während des Zweiten Weltkrieges Flugzeuge gebaut worden. Kurz nach Kriegsende war vom Obersten Wirtschaftsrat der UdSSR beschlossen worden, hier künftig Lastwagen zu bauen. Unter anderem der Maschinenpark des Brandenburger Opel-Werks, der als Reparationsgut in die Sowjetunion abtransportiert worden war, half beim Aufbau des Werkes, das sich ab 1951 Kutaisski Awtomobilny Sawod (KAZ) nannte. Bereits 1948 waren hier zur Entlastung des Moskauer ZIS-Werkes Lkw-Motoren entstanden, ehe ab 1951 die Montage kompletter ZIS-150 aus angelieferten Teilen begann. KAZ-150 nannte sich der Viertonner hier, dessen Bauteile später in Kutaissi zum Teil selbst hergestellt wurden. Ab 1952 spezialisierte sich das Werk auf Kipperfahrzeuge, die ebenfalls auf ZIS-Lkw zurückzuführen waren. Aus den Moskauer MMZ-Modellen wurden in Kutaissi die Haubenkipper KAZ-585 und KAZ-600. 40.000 dieser Fahrzeuge sollen zwischen 1952 und 1958 gebaut worden sein.

Ab 1955 fertigte KAZ zudem mit dem KAZ-120T eine zweiachsige Sattelzugmaschine. Das Fahrzeug basierte technisch zunächst auf dem ZIS-120 (der Sattelzugmaschine auf Basis des Moskauer ZIS-150), hatte jedoch einige Änderungen erhalten. Vor allem wurde der Lkw mit einer Kipphydraulik versehen, um die ebenfalls bei KAZ gebauten Sattelauflieger KAZ-716 nutzen zu können. Die Volumenkipper waren für den landwirtschaftlichen Einsatz vorgesehen, besonders für den Baumwoltransport. Ab 1957 wurde das Chassis und die Kühlermaske des ZIL-164 mit ihren rundlichen, senkrechten Streben verwendet, außerdem die Motorleistung von 90 auf 97 PS angehoben. Nur 427 Exemplare des KAZ-120T sollen bis 1960 hergestellt worden sein.

Ab 1960 gab es eine überarbeitete Variante KAZ-120T3, auf die Kipphydraulik wurde hier verzichtet.

Die Montage eines Kippers KAZ-600 oder KAZ-585 im Werk von Kutaissi, das mit Hilfe von Opel-Werkseinrichtungen aus Brandenburg aufgebaut wurde.

Neben Sattelschleppern waren Kipperaufbauten für landwirtschaftliche Güter der wichtigste Produktionszweig in Kutaissi. das Bild zeigt einen KAZ-120T aus der Produktion nach 1957.

Außerdem erhielt das Fahrzeug einen stärkeren Motor mit der Bezeichnung KAZ-120T2, der 104 PS leistete. Er entsprach dem Aggregat, das in Moskau im ZIL-157 eingesetzt wurde. 1962 machte der Lastwagen noch die Modernisierungen des ZIL-164A mit, einige größere Komponenten wurden dementsprechend durch Teile des neuen ZIL-130 ersetzt. 1963 endete die Fertigung nach wieder etwas über 400 Exemplaren zu Gunsten des neuen Frontlenkers KAZ-606.

Gelegentlich wird der Lkw auch als KAZ-120TS bezeichnet, beruhend auf einer Unsicherheit im Russischen, ob es sich beim letzten Zeichen um die Ziffer 3 oder den kyrillischen Buchstaben З handelt.

KAZ-606 und KAZ-606A

Außerhalb der ehemaligen Sowjetunion sind die Lastwagen aus Kutaissi kaum bekannt, da sie ausschließlich für die Inlandsverwendung vorgesehen waren und nicht exportiert wurden. Und für den Inlandsmarkt mussten keine Prospekte gedruckt werden, mit denen Bilder und Daten in die übrige Welt hätten gelangen können. Selbst russische Fahrzeughistoriker haben sich lange schwergetan, die Produkte aus dem georgischen Werk dokumentarisch aufzubereiten.

Die Geschichte der Frontlenker-Lkw aus der georgischen Region Kolchida, nach der dann auch die Laster neben ihren Typenbezeichnungen noch benannt wurden, begann im Jahr 1958 oder 1959. Da erschien mit dem KAZ-605 ein erster Prototyp mit einem Pritschenaufbau in Gemischtbauweise aus Holz und Stahl, der auf wesentlichen Elementen des ZIL-164 basierte, aber eben mit einer in Kutaissi entwickelten Frontlenkerkabine ausgestattet war. Für 1961 war der Beginn der Serienproduktion geplant, der jedoch nicht erfolgen konnte, weil der für das Fahrzeug vorgesehene V8-Motor aus dem Moskauer ZIL-Werk noch nicht in die Serienproduktion gelangt war. ZIL selbst konnte aus diesem Grund die Großserienfertigung des neuen ZIL-130 erst 1964 aufnehmen und Motoren des neuen Typs erst einige Jahre später nach Kutaissi abgeben, weil für die eigene Produktion nicht genügend Aggregate zur Verfügung standen. Ein Dilemma, das die Autobauer in Kutaissi in den folgenden Jahrzehnten nie ganz loswurden; man war hier immer auf die Zulieferung fremder Triebwerke angewiesen.

Aus der zentralen Planwirtschaft in Moskau kam schließlich der Befehl zum Bau von Sattelschleppern, da diese in der Sowjetunion noch Mangelware waren und dringend benötigt wurden.

Auch wenn es nur zu einigen Prototypen reichte, der KAZ-605 war 1959 einer der ersten sowjetischen Lkw mit einer Frontlenkerkabine.

Die Sattellast des nur kurzzeitig gebauten KAZ-606 betrug 4300 kg, der Auflieger selbst durfte maximal 9500 kg schwer sein.

Viele Sattelauflieger für die KAZ-Sattelschlepper wurden ebenfalls im Automobilwerk Kutaissi gebaut.

So entstanden noch 1961 in einer bescheidenen Serienproduktion Frontlenker-Sattelschlepper mit der Typenbezeichnung KAZ-606, für die aus Moskau nun die etwas angestaubten Motoren vom Typ ZIS-120T2 angeliefert wurden, die man dort nicht mehr verwendete. Der Sechszylinder-Reihenbenzinmotor mit 5550 ccm Hubraum leistete hier 104 PS bei 2600 U/min.

Mit der Einführung des ZIL-164A 1961 wurde auch der Sattelschlepper aus Kutaissi auf dessen Fahrwerk umgestellt und ab 1962 KAZ-606A »Kolchida« genannt. Eigentlich war geplant, den ab 1962 im Moskauer ZIL-Werk hergestellten ZIL-130 mit Achtzylinder-V-Motor als Basis für den neuen Sattelschlepper aus Kutaissi heranzuziehen, aber Moskau winkte mal wieder ab und so blieb der KAZ-606A bis 1967 als »Zwischentyp« im Programm. Der hier verbaute Sechszylinder-Reihenbenziner ZIL-157KJa, der aus dem ZIL-157 mit Allradantrieb stammte, leistete 109 PS bei 2800 U/min.

Mit dem Modell KAZ-606A konnte der Ausstoß des Werkes deutlich gesteigert werden.

KAZ-608

Nachdem sich die Produktion des ZIL-130 im Moskauer Automobilwerk stabilisiert hatte und das Werk in der Lage war, Komponenten nach Kutaissi abzugeben, begann dort ab 1966 zunächst die Montage des »neuen« Sattelschleppers KAZ-608. Bei den Bauteilen aus Moskau handelte es sich um den Achtzylinder-V-Motor ZIL-130 samt Getriebe und den beiden Achsen. Der Rest wurde in Kutaissi selbst gefertigt und weitgehend unverändert vom KAZ-606A übernommen. Der KAZ-608 erhielt jedoch ein optisch überarbeitetes Fahrerhaus, das sich hauptsächlich im Kühlergrill und einigen Details vom Vorgänger unterschied. In den folgenden Jahren wurden mehrfach kleine optische Änderungen vorgenommen, erst 1973 hatte das Fahrzeug das Aussehen, das es bis zur Einstellung der Produktion 1976 beibehielt. Die Sattelzugmaschinen wurden gerne mit verschiedenen Aufliegern an Flughäfen eingesetzt.

Auf Basis des KAZ-608 gab es eine ganze Reihe von Prototypen. Experimentiert wurde unter anderem mit Zweigang-Hinterachsen (KAZ-608B), einem Pritschenwagen mit langem Radstand (KAZ-608G), ähnlich dem früheren Prototypen KAZ-605, einer Sattelzugmaschine mit Hydraulik für Kippauflieger (KAZ-608D) und sogar einer zweiten angetriebenen Hinterachse (KAZ-620). Keines der Projekte gelangte in Kutaissi in die Serienfertigung.

Beim KAZ-608 waren Kühlergrill und Lampen in einer abgesetzten Einheit am Fahrerhaus vereint.

Auch beim Sattelschlepper KAZ-608 waren Pritschenauflieger in der großen Mehrzahl.

KAZ-608W und KAZ-608W2

Nach diversen Prototypen und Vorserienmodellen rollte ab dem 20. Januar 1976 mit dem KAZ-608W eine verbesserte Version des Sattelschleppers aus der Montagehalle in Kutaissi. Motor (Typ ZIL-130Ja5), Getriebe und Achsen des ZIL-130 hatten einige Überarbeitungen erfahren, die vor allem die Langlebigkeit erhöhten und die Wartungsarbeiten vereinfachten. Auch die elektrische Anlage mit allen Beleuchtungseinrichtungen war komplett neu. Auffälligstes Detail am neuen Sattelschlepper war aber die völlig überarbeitete Fahrerkabine mit ihrem kantigen Erscheinungsbild. Auch der Fahrerplatz samt Armaturenbrett war moderner und komfortabler gestaltet worden. Mit zahlreichen kleineren Modifikationen bei Mechanik und Elektrik wurde der KAZ-608W bis 1986 gebaut.

Im gleichen Jahr lief die Produktion mit dem verbesserten KAZ-608W2 weiter, immer noch mit der Zusatzbezeichnung »Kolchida«. Der Achtzylinder-Benzinmotor, jetzt mit der Bezeichnung ZIL-508.1000402 war überarbeitet worden und hatte dank eines neuen Zylinderkopfs nun eine höhere Verdichtung von 7,1:1. Mit dem höheren Drehmoment von jetzt 410 Nm verbesserten sich die Fahrleistungen trotz unveränderten 150 PS deutlich. Mit neuem Vergaser, neuem Zündverteiler und neuem Luftfilter verringerte sich der Benzinverbrauch aber auch nur geringfügig. Am Fahrwerk war unter anderem ein neues Bremssystem eingeführt worden, Rahmen und Sattelkupplung wurden verstärkt. Die Maximalbelastung des Sattels stieg von 4500 auf 6500 kg und 11,5 Tonnen statt der bisherigen 10,5 durfte der Auflieger schwer sein. Der gegenüber dem KAZ-608W äußerlich unveränderte KAZ-608W2 wurde so bis Dezember 1988 produziert.

Auch auf Basis des KAZ-608W fertigte KAZ Prototypen, darunter eine Sattelzugmaschine mit Allradantrieb (KAZ-4430) und dem zu diesem Zeitpunkt noch experimentellen Dieselmotor JaMZ-642, sowie einen Kipper (KAZ-4530) auf dem gleichen Fahrgestell. Auch diese Fahrzeuge kamen nicht über die Werkserprobung hinaus, führten aber letztlich zur Serienfertigung des KAZ-4540.

Bis zu seinem Produktionsende 1986 hatte der KAZ-608W einige Änderungen erfahren, die auch an der Fahrerkabine sichtbar wurden
(Foto: Artyom Svetlov © CC-BY-SA-1.0)

KAZ-MMZ-4502

Vom Sattelschlepper KAZ-608 abgeleitet, entstanden ab 1966 in Einzelanfertigung Hinterkipper auf Basis des ZIL-MMZ-555, dessen Ganzstahlmulde 4,5 Tonnen oder drei Kubikmeter Ladung aufnehmen konnte. Mit der Bezeichnung KAZ-4502 oder auch KAZ-MMZ-4502 kam es dann ab 1976 mit der Einführung des KAZ-608W zu einer Serienfertigung in Kutaissi. MMZ stand für das nahe Moskau gelegene Mytischtschiner Werk für Maschinenbau, wo schon seit 1949 Kipperaufbauten verschiedenster Art, vor allem für ZIL-Fahrzeuge, gefertigt wurden. Die Basis für den Typ KAZ-MMZ-4502 war hier der ZIL-MMZ-4502, der bei einem maximalen Ladevolumen von 3,8 Kubikmeter 5,8 Tonnen zuladen durfte. Wie lange der Kipper in Produktion blieb, konnte leider nicht ermittelt werden.

Auch eine Holzpritsche konnte in Eigenregie auf den KAZ-4502 gesetzt werden. (Foto: Artyom Svetlov © CC-BY-SA-3.0)

KAZ-4540

Das bereits 1918 gegründete Forschungs- und Entwicklungsinstitut für den Kraftfahrzeugbau in der Sowjetunion, kurz »NAMI«, mit Sitz in Moskau, hatte für das Werk in Kutaissi eine neue Fahrzeuggeneration mit Kippaufbauten, vornehmlich für die Landwirtschaft, entwickelt. Nach einer ganzen Reihe von Versuchsfahrzeugen, auch bei den Sattelschleppern, sollte hier nun endlich ein effizienter Dieselmotor zum Einsatz kommen. 1984 ging dann der erste Dreiseitenkipper mit Dieselmotor in die Serienproduktion. Er wurde KAZ-4540 genannt, war mit Allradantrieb ausgerüstet und konnte 5,5 Tonnen Nutzlast aufnehmen. Äußerlich war er deutlich an der vor die Vorderachse gesetzten Fahrerkabine und den Breitreifen zu erkennen. Der Sechszylinder-Dieselmotor JaMZ-642 in V-Anordnung zog aus

8137 ccm Hubraum 155 PS und 480 Nm Drehmoment. Der Motor stammte aus dem KamAZ-Baukasten und war die Sechszylinder-Variante des bekannten V8 KamAZ-740.

Die vor die Vorderachse gesetzte Kabine und die Spezialreifen kennzeichneten den Dreiseiten-Dieselkipper KAZ-4540.

Nach 1990 versuchte das Automobilwerk Kutaissi mit wenig Erfolg den Dreiseitenkipper KAZ-4540 zu exportieren.

Das Ende in Kutaissi

Der KAZ-4540 wurde bis 1998 gebaut, dem Jahr, in dem die Lastwagenproduktion in Kutaissi endete. Zuvor waren auch Sattelzugmaschinen mit Allradantrieb und Dieselmotoren mit verschiedenen Typenbezeichnungen in die Produktion übernommen worden. Nach 1990 versuchte man nun die Laster mit Dieselmotoren auch zu exportieren. Was aber nicht wirklich gelang, denn nach westlichen Maßstäben waren die Fahrzeuge altbacken und nicht konkurrenzfähig und die Märkte der ehemaligen »Bruderländer« waren nach dem Zusammenbruch des Ostblocks auch nicht mehr sonderlich interessiert. Denn die Tauschgeschäfte der vergangenen Jahrzehnte zwischen den RGW-Staaten (Rat für gegenseitige Wirtschaftshilfe – das osteuropäische Pendant zur westeuropäischen EWG) funktionierten nach den Einführungen konvertierbarer Währungen nicht mehr. Und auch im Inland sank die Nachfrage nach dem Ende der Sowjetunion im Dezember 1991 und der folgenden schweren Wirtschaftskrise in Russland rapide ab. Georgien hatte sich am 29. April 1991, noch vor dem eigentlichen Zerfall der Sowjetunion, für unabhängig erklärt, was die Lieferungen in das Kernland Russland nicht einfacher machte. Als die Wirtschaft dann wieder einigermaßen in Fahrt kam, war auch hier westliches Knowhow gefragt, womit das Automobilwerk in Kutaissi aber nicht dienen konnte.

MAZ – Frontlenker aus Minsk

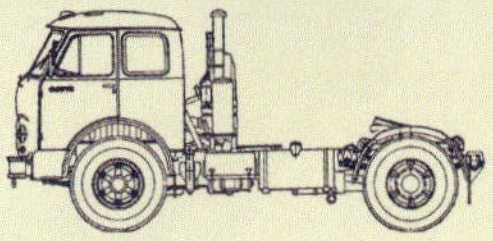

Die Geschichte des Minski Awtomobilny Sawod (MAZ) in Weißrussland wurde in dem Buch »Russlands schwere Hauber« bereits soweit erzählt, wie dort eben jene Haubenlaster gebaut wurden. Hier noch einmal zusammengefasst die Vorgeschichte.

Das Werk in Minsk war einmal mehr auf das alte Automobilwerk in Jaroslawl zurückzuführen. Denn im August 1944, der Zweite Weltkrieg näherte sich bereits seinem Ende, hatte der staatliche Verteidigungsrat der UdSSR den Aufbau eines Automobilwerks am südlichen Rand von Minsk, der Hauptstadt der sowjetischen Teilrepublik Weißrussland (Belarus) angeordnet. Zweck dieses Beschlusses war es, das Werk in Jaroslawl durch die Übernahme von LKW-Montagen zu entlasten. Dabei dachte man an den bereits seit 1938 in Entwicklung befindlichen JaG-7. Der ursprüngliche Plan sah für Jaroslawl vor, dieses Fahrzeug ab 1942 in Serie zu bauen, was der Überfall Deutschlands auf die Sowjetunion im Sommer des gleichen Jahres allerdings verhinderte. Stattdessen wurde die Produktion in Jaroslawl auf Rüstungsgüter wie den Artillerieschlepper Ja-12 umgestellt.

Über viele Jahre war der MAZ-200 das Hauptprodukt des Automobilwerks in Minsk. (Foto: Ralf Weinreich)

Mit dem MAZ-525 begann die Zeit der Großkipper in der Sowjetunion.

1951 begann dann aber doch die Serienfertigung des 7-Tonnen-Lkw`s MAZ-200, dessen Weiterentwicklungen und Varianten bis 1966 in Minsk gefertigt wurden. Gleichzeitig hatte, mit dem MAZ-525 beginnend, die Fertigung von Großkippern begonnen, die 25 bis 40 Tonnen Schüttgut laden konnten. Nach 1963 wurde deren Fertigung in das Belorusski Awtomobilny Sawod (BelAZ) nach Schodsina, 50 Kilometer östlich von Minsk verlegt.

MAZ-500 und MAZ-500A

Seit 1958 arbeitete die Konstruktionsabteilung in Minsk an einem Nachfolgemodell für die Fahrzeugfamilie um den MAZ-200, wobei die Frontlenkerbauweise gesetzt war. Nach einigen Prototypen

Ab 1963 ergänzte der MAZ-500 in Frontlenkerbauweise die Haubenlaster der MAZ-200-Serie und löste diese schließlich 1966 komplett ab.

entstanden ab 1963 erste Fahrzeuge des neuen Typs MAZ-500, ohne dass man schon von einer echten Serienproduktion sprechen konnte. Die Zulieferindustrie kam nicht so schnell hinterher und vor allem die Anlieferung von Motoren aus Jaroslawl stockte. Im März 1965 ging es dann aber doch richtig los, der erste Siebeneinhalbtonner mit moderner Frontlenkerkabine (um 45° kippbar) rollte in größeren Stückzahlen in Minsk aus der Montagehalle.

Angetrieben wurde der MAZ-500 von einem Sechszylinder-Dieselmotor in V-Anordnung und mit Direkteinspritzung, der 180 PS leistete. Die Kraft wurde auf die zwillingsbereifte Hinterachse übertragen, die nur 3850 mm von der Vorderachse entfernt war. Der relativ kurze Radstand machte das Fahrzeug sehr wendig, was nicht nur dem militärischen Einsatz zugutekam. Die Standardausrüstung war wie meistens bei sowjetischen Lkw eine Holzpritsche mit zwölf Quadratmetern Ladefläche und klappbaren Seitenwänden. Die maximale Anhängelast betrug 12,5 Tonnen. Für die Rote Armee wurden auch Stahlpritschen auf das Fahrgestell gesetzt. Außerdem entstanden Tankwagen und das Fahrgestell diente als Träger für diverse Sonderaufbauten, zum Beispiel für kommunale Zwecke.

1970 erschien der Laster leicht überarbeitet jetzt mit der Typenbezeichnung MAZ-500A. Der Radstand war hier um 100 mm gewachsen und die Ladekapazität auf acht Tonnen erhöht. Exportmodelle wurden auch mit 9 Tonnen Zuladung beworben, was allerdings nur für asphaltierte oder betonierte Straßen galt. Bei unveränderter Motorleistung wurde die offizielle Höchstgeschwindigkeit von 80 auf 85 km/h erhöht. Äußerlich erkennbar waren die A-Typen der veränderten Geometrie des Kühlergrills:

Wie immer im sowjetischen Lkw-Bau war die Holzpritsche auch beim MAZ-500 die Basisvariante.

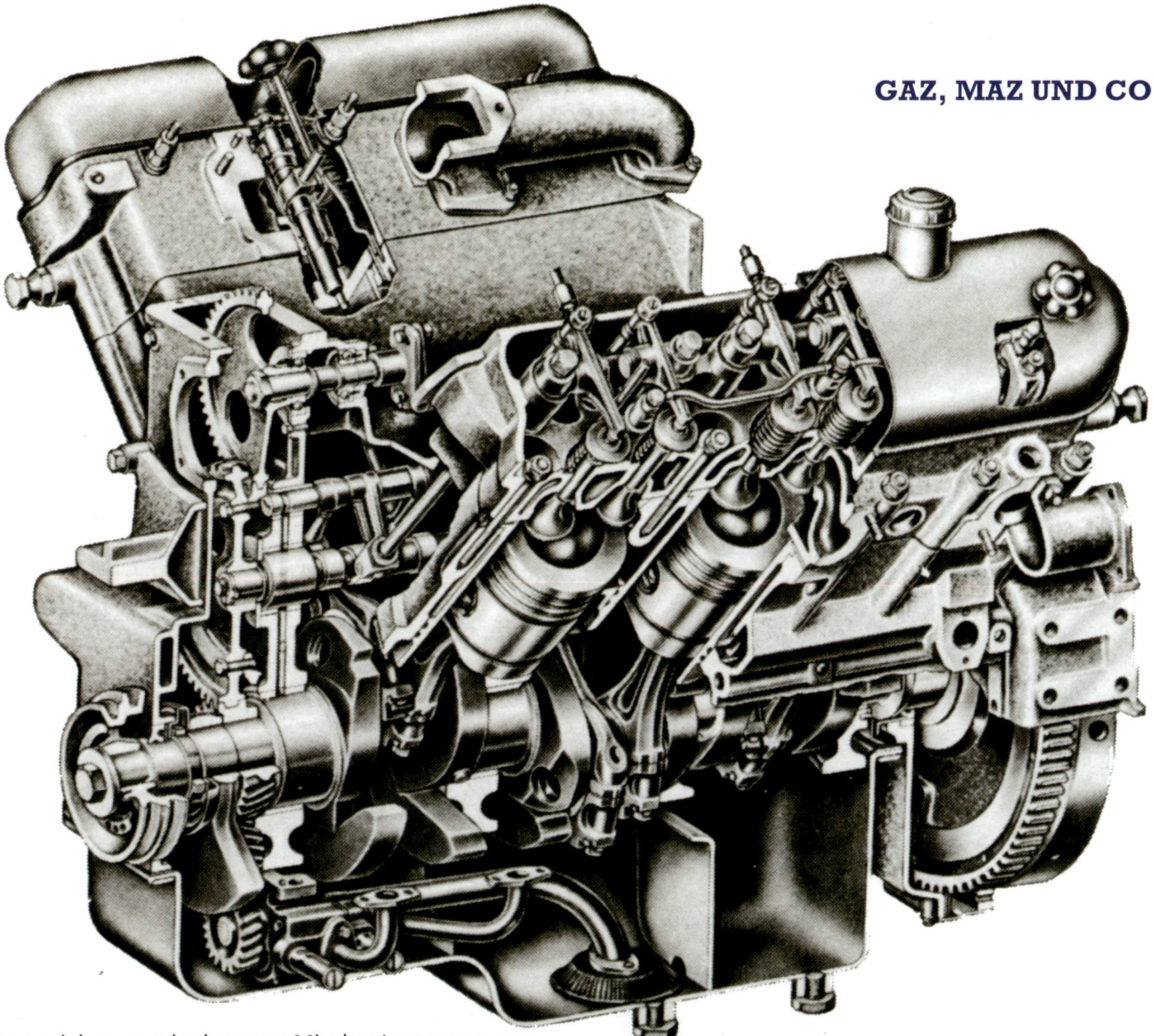

Angetrieben wurde der neue Minsker Lastwagen von einem Sechszylinder-Dieselmotor in V-Anordnung und mit Direkteinspritzung, der aus gut 11 Litern Hubraum 180 PS mobilisierte.

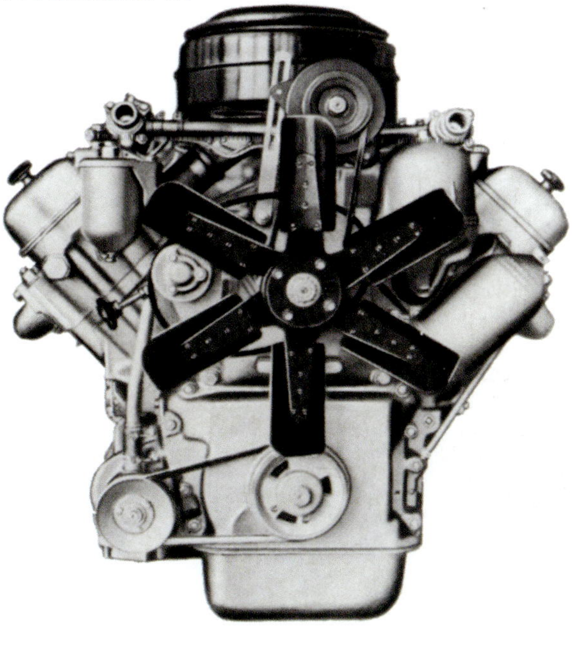

Ein Blick in die Fahrerkabine des MAZ-500A.

Statt senkrechter Streben gab es ein Gitter mit acht waagerechten, rechteckigen Öffnungen.

Tankwagen und Sonderaufbauten

Der MAZ-500 wurde schnell zur Basis diverser Sonderfahrzeuge, die wichtig für die Versorgung im Inland, aber auch für den Export waren. Einen hohen Stellenwert hatten bei allen sowjetischen Lastkraftwagen die Ausführungen mit Tankaufbauten für den Transport von verschiedenen Erdölprodukten. Hierfür lieferte unter anderem das Werk »Krasny Molot« (Roter Hammer) im südrussischen Tichorezk die Aufbauten, wie für den TS-500, dessen Kraftstofftank 7000 Liter Benzin, Kerosin oder Gemische aufnehmen konnte. Die fahrzeugeigene Pumpe konnte Kraftstoffe bis aus fünf Metern Tiefe ansaugen und maximal 500 Liter pro Minute wieder abgeben. Der Lastwagen wurde vorrangig zum Auftanken von Flugzeugen eingesetzt, wie auch der größere Bruder AZ-8-500 mit einem Fassungsvermögen von 8000 Litern. Beide Tanklaster wurden nach der Einführung des überarbeiteten MAZ-500A ab 1971 mit dessen Fahrgestell weiter gebaut.

TS-7-500 hieß der Tanklaster auf der Basis des MAZ-500, der 7000 Liter Treibstoff (außer Diesel) transportieren konnte und als fahrende Tankstelle fungierte.

Sogar 8000 Liter Kraftstoff konnte das reine Transportfahrzeug AZ-8-500 bunkern, der ebenfalls auf dem Fahrgestell des MAZ-500 aufgebaut war. Ab 1971 dann auf dem weiterentwickelten Modell MAZ-500A.

Ein MAZ-500A in der klassischen Pritschenbauweise.

In der UdSSR weit verbreitet und fast immer auf MAZ-Frontlenker-Fahrgestellen montiert: Der Autokran KS-3562A, hier wieder auf einem MAZ-500A. (Foto: Novoklimov © CC-BY-SA-4.0)

Ein Aufbauladekran, wie hier auf einem MAZ-5335, war in vielen Bereichen von Wirtschaft und Kommunen unentbehrlich. (Foto: Novoklimov © CC-BY-SA-1.0)

Neben den Tankwagen war der MAZ-500 auch die Basis für diverse Kranaufbauten, die in vielen Wirtschaftsbereichen der UdSSR eingesetzt wurden. Hauptsächlich in der Bauwirtschaft, aber auch für kommunale Belange und beim Militär.

MAZ-503 und MAZ-503A

Natürlich wurde in Minsk vom neuen Frontlenker-Lkw neben dem Pritschenwagen auch umgehend eine Kippervariante gebaut. Der Tradition im sowjetischen Lastwagenbau folgend erhielt der Kipper eine eigene Typennummer, obwohl er sich technisch, abgesehen vom Aufbau, kaum vom Grundmodell mit Pritsche unterschied. Einzig signifikante Änderungen waren der Verzicht auf die Anhängerbremsanlage, das Hinzufügen des Nebenantriebs sowie der Hydraulikanlage und eine Kürzung des Radstandes, der bei den ersten Versionen nur 3200 Millimeter betrug. Alle Antriebskomponenten und die übrigen Fahrgestelldaten blieben gegenüber dem MAZ-500 unverändert.

1970 wurde die Lastwagenfamilie und somit auch der MAZ-503 moderat überarbeitet. Die neue Version bekam die Bezeichnung MAZ-503A. Änderungen gegenüber dem Ursprungsmodell waren eine optisch leicht überarbeitete Fahrerkabine, eine Verlängerung des Radstandes um 200 Millimeter und eine Erhöhung der Nutzlast von sieben auf acht Tonnen (für einige Exportfahrzeuge wurden auch wieder neun Tonnen angegeben). Außerdem stieg das Leergewicht des Fahrzeugs durch die Modifikationen um 500 Kilogramm an. Etwa fünf Kubikmeter Schüttgut konnte die geschweißte Kippwanne, die auf einem Hilfsrahmen saß, aufnehmen und mit dem größten Hubwinkel von 55° in 15 Sekunden

In der Kipperausführung war der MAZ-503 anfangs noch mit einer maximalen Ladekapazität von sieben Tonnen auf kurzem Radstand unterwegs.

wieder entleert werden. Eine Rüttelung erfolgte nach Beendigung des Hubes. Durch den geringen Radstand war der Hinterkipper sehr wendig und damit das ideale Fahrzeug bei Erdbauarbeiten oder im Straßenbau.

MAZ-504 und MAZ-504A

Die Sattelzugmaschine MAZ-200W in Haubenbauweise wurde 1965 durch den MAZ-504 ersetzt. Neben dem geänderten Aufbau unterschied sich

In die Mulde des MAZ-503A konnten dann schon acht bis neun Tonnen Schüttgut geladen und in 15 Sekunden wieder entladen werden. ←→

das Fahrzeug von der Basisversion mit Pritsche durch einen um 650 Millimeter (3200 mm) kürzeren Radstand. Die Sattelzugmaschine durfte Sattelauflieger bis 17.450 kg Gewicht bewegen, das zulässige Gesamtgewicht des Zuges betrug 24 Tonnen.

Im Zuge der Überarbeitung der Fahrzeugfamilie entstand der MAZ-504A, der ab 1970 in Serie gebaut wurde. Wie bereits beschrieben, war das Fahrerhaus geringfügig umgestaltet worden und der Radstand verlängerte sich um 200 mm (auf 3400 mm).

MAZ-504W

Von diesem Zeitpunkt an gab es auch eine Ausführung für den Fernverkehr mit dem größeren

Ein MAZ-504 der ersten Generation mit dem einachsigen Pritschenauflieger MAZ-5245, der ebenfalls in Minsk gebaut wurde.

Ein MAZ-504A von 1970, mit dem für den Fernverkehr vorgesehenen Doppelachsauflieger MAZ-5205.

und leistungsstärkeren JaMZ-238-V8-Dieselmotor. Außerdem wurden die Arbeitsbedingungen für den Fahrer etwas angenehmer gestaltet, indem man die Schalldämmung verbesserte und die Vibrationen minderte. Denn den Lärm und die Vibrationen, die konstruktionsbedingt in den Fahrerkabinen aller Lkw der MAZ-500-Serie herrschten, mutete man zwar den sowjetischen Fahrern gnadenlos zu, aus den Exportländern hagelte es jedoch harsche Kritik. Mit den verbesserten Bedingungen im Innenraum und dem 240 PS starken Dieselmotor, der ein Drehmoment von 883 Nm bei nur 1500 U/min erreichte, avancierte diese Ausgabe des Sattelschleppers fast zum Exportschlager für die Weißrussen.

Kurze Rast für die Besatzung dieses MAZ-504W zu Beginn der 1980er Jahre irgendwo in der Sowjetunion. (Foto: Siim liivsoo © CC-BY-SA-3.0)

Der Langholztransporter MAZ-509

Eine Version mit Allradantrieb gab es auch vom MAZ-500. Militärisch spielte die aber, wie übrigens auch die anderen Laster der Fahrzeugfamilie, kaum eine Rolle. Ein Langholztransporter war es, der in den Genuss der zwei angetriebenen Achsen kam. Ab 1966 ersetzte er den Holztransporter MAZ-501

Vor und nach getaner Arbeit konnte dem MAZ-509A sein Nachläufer, in diesem Fall vom Typ TMZ-803, mit eigener Winde aufgesattelt werden.

Der Langholztransporter aus Minsk, hier in der ab 1978 gebauten Version MAZ-509A, war ein wichtiger Exportfaktor für das weißrussische Werk.

und blieb, anders als die anderen Fahrzeuge der Serie, bis 1990 im Programm der Minsker Fabrik. Zunächst unter der Bezeichnung MAZ-509P von 1966 bis 1970 gefertigt, wies dieser Typ eben den permanenten Allradantrieb und ein Reduktionsgetriebe (Drehzahlverringerung bei gleichzeitiger Erhöhung des Drehmoments) auf. Das waren ideale Bedingungen für schwierige Waldlagen und Mittelgebirgshänge. Argumente, die ab 1970 den Import in die DDR erklärten. Da nannte sich der Lkw nur noch MAZ-509 ohne P und hatte jetzt auch den um 100 mm längeren Radstand, eine Zweischeibenkupplung und die Nutzlast war um 500 kg angehoben worden.

Die Idee von einem Pritschenfahrzeug mit drei Achsen mündete 1969 in eine bescheidene Serienproduktion des Typs MAZ-516.

Zum Modelljahr 1978 erschien der noch einmal überarbeitete MAZ-509A. Er hatte das Fahrerhaus entsprechend den neuen MAZ-Typen mit den Scheinwerfern in der Stoßstange erhalten. Warum der MAZ-509 nicht auf die neue Modellreihe mit der vierstelligen Ziffernfolge in der Typenbezeichnung umgestellt wurde, konnte nicht ermittelt werden.

Ergänzend sei hinzugefügt, dass zum Basisfahrzeug MAZ-509 der zweiachsige Nachläufer TMZ-803 gehörte, der im Falle von Leerfahrten aufgesattelt werden konnte. Das Werk gab als maximale Länge des Ladeguts 27 Meter an.

Die Dreiachser der MAZ-500-Serie

Ab 1969 wurde mit dem 180 PS leistenden Sechszylinder-Dieselmotor ein Pritschenfahrzeug mit drei Achsen unter der Bezeichnung MAZ-516 in geringen Stückzahlen gebaut, wobei die hintere Achse als Liftachse ausgeführt war. Mit der neuen Optik der Fahrerkabine nach 1970 und vor allem der Umstellung auf den neuen V8-Dieselmotor JaMZ-238E mit 265 PS im Jahre 1973 wechselte die Bezeichnung in MAZ-516A. Da der Dreiachser nach 1977 nicht in das vierstellige Nummernsystem der neuen Lkw-Generation von BelavtoMAZ übernommen wurde, wechselte die Typisierung noch einmal in MAZ-516B, ehe die Fertigung 1980 eingestellt wurde. Bemerkenswert war die 6,2 Meter lange Ladefläche mit 14,5 Quadratmetern, auf die in der Exportversion 15,5 Tonnen geladen werden konnten, was ein Gesamtgewicht von 24,3 Tonnen ergab.

Neben dem MAZ-516 gab es mit dem MAZ-514 und dem MAZ-515 in jener Zeit noch zwei weitere Dreiachser aus Minsk, die für den Fernverkehr konzipiert wurden. Beide Modelle waren mit zwei angetriebenen Hinterachsen ausgestattet, um Traktion zu gewinnen und schwere Lastzüge bilden zu können. Der MAZ-514 hatte, wie der MAZ-516, eine Pritsche als Ladefläche. Das Ziehen schwerer Anhänger scheiterte zunächst an den 240 PS des großvolumigen JaMZ-238 aus Jaroslawl, dessen Leistung im Laufe der Entwicklung des MAZ-514 auf zunächst 270 und dann 300 PS gesteigert wurde. Damit war es möglich Anhänger bis 25 Tonnen zu ziehen, was Lastzüge mit einem Gesamtgewicht von knapp 50 Tonnen bei einer Nutzlast von 32 Tonnen ergab. Begrenzender Faktor blieb der V8, trotz seiner knapp 15 l Hubraum.

Mit dem Typ MAZ-515 wurde in Minsk auch eine dreiachsige Sattelzugmaschine für den Überlandverkehr gebaut. (Foto: Peter Gray)

Ähnlich erging es der dreiachsigen Sattelzugmaschine MAZ-515, die mehrere Entwicklungsstufen (MAZ-515, MAZ-515A, MAZ-515B, MAZ-515W) durchlief und ab Mitte der 1970er in kleinen Stückzahlen gebaut wurde. Bevor sie aber für die Sattelzüge mit 40 Tonnen wirklich geeignet war, hatte man die Entwicklung des MAZ-6422 abgeschlossen und den wesentlich moderneren Lkw in die Großserie übernommen.

Experten vermuten, dass von allen Dreiachsern dieser Generation kaum mehr als 1000 Exemplare in Minsk entstanden sind.

MAZ-5335

Ähnlich, wie aus der Kombinatsbildung in der DDR bekannt, begann auch die Sowjetunion zu Beginn der 1970er Jahre vergleichbare Strukturen aufzubauen. Im Fall der weißrussischen Firmen, die in den Automobilbau involviert waren, bedeutete das 1975 die Gründung der Vereinigung »BelavtoMAZ«, mit den beiden Hauptbetrieben MAZ in Minsk und BelAZ in Schodsina. Vor allem auf internationalen

Die kippbare Kabine, wie hier beim MAZ-503A, fand auch bei verschiedenen Dreiachsern aus Minsk Verwendung. (Foto: Ralf Weinreich)

Im Gesamtprospekt der BelavtoMAZ-Gruppe vom Frühjahr 1981 wurde neben der weiterentwickelten MAZ-500A-Familie auch die ganz neue Lkw-Generation aus Minsk vorgestellt.

Märkten traten die Firmen, gesteuert von »Avtoexport« in Moskau, meist gemeinsam auf.

Für die MAZ-500-Baureihe war nun ab 1977 das Pritschenfahrzeug MAZ-5335 die neue Basisvariante. Aber was hieß schon neu. Die Technik mit dem 180 PS leistenden Sechszylindermotor im Zentrum blieb nahezu unverändert, lediglich die Fahrerkabine musste sich innen und außen einigen Änderungen unterziehen. Innen wurde sie insgesamt etwas bequemer und vibrationsärmer, außen waren die Hauptscheinwerfer in die Stoßstange integriert und die Nebelleuchten, jetzt rechteckig, darunter angeordnet. Die alte Holzpritsche wich einer Stahlkonstruktion, die Nutzlast (acht Tonnen) und die Anhängelast (12 Tonnen) blieben unverändert. Die Außenmaße änderten sich geringfügig. Bis 1990 blieb der Laster so im MAZ-Programm.

MAZ-5549 und MAZ-5429

Beim Hinterkipper wechselte 1977 die dreistellige Ziffernfolge 503 zur vierstelligen 5549. Ansonsten blieb der »neue« Kipper bis auf das überarbeitete Fahrerhaus gegenüber dem Vorgänger nahezu

1977 folgte der MAZ-5335 dem alten MAZ-500A-Pritschenmodell. Die Fahrerkabine war innen und außen modernisiert worden und eine Stahlpritsche ersetzte die Ladefläche aus Holz.

Bis 1990 blieb der MAZ-5335 im Minsker Automobilwerk auf dem Montageband.

unverändert. Diverse technische Änderungen waren wohl eingeflossen, im Rahmen dieses Buches aber eher unerheblich. Der Radstand war, anders als beim Pritschenfahrzeug, wieder um 200 mm verlängert worden.

Die Sattelzugmaschine MAZ-504A wurde erst 1978 durch das Nachfolgemodell MAZ-5429 abgelöst. Neben dem neuen Fahrerhaus wurden dem Modell auch längere Federn spendiert, um den Fahrkomfort im Güterfernverkehr etwas zu verbes-

Unverändert blieb auch der Sechszylinder-Dieselmotor vom Typ JaMZ-236, der 180 PS bei 2100 U/min entwickelte.

sern. In der Sowjetunion war der Sattelschlepper meistens mit dem ebenfalls in Minsk hergestellten Einachsauflieger MAZ-93801 unterwegs. Bereits 1981 wurde das Modell durch den Typ MAZ-5432 abgelöst.

MAZ-6422

Gleichzeitig mit der Fertigung des MAZ-5335 ab 1978 begannen in Minsk die Entwicklungsarbeiten für eine neue Generation von Sattelzugmaschinen, die sich an westlichen Standards orientierte. Denn neben den Fernverkehrsstraßen in der riesigen Sowjetunion sollten die Laster auch auf anderen Straßen der Welt rollen und das so wichtige Exportgeschäft ankurbeln.

Der MAZ-6422 bildete die Basisversion der ab 1981 hergestellten Baureihe, die gegenüber den Vorgängern wesentliche Änderungen aufwies. Angetrieben wurde der Dreiachser vom Achtzylin-

Beim Hinterkipper, der jetzt die Bezeichnung MAZ-5549 trug, war ebenfalls die modifizierte Fahrerkabine das einzige wesentliche Unterscheidungsmerkmal gegenüber dem Vorgänger.

Das Fahrgestell des MAZ-5335. Im Prospekt stand zu lesen, dass bei der Konstruktion extreme Straßenbedingungen berücksichtigt wurden.

Eine Sattelzugmaschine vom Typ MAZ-5429 mit dem zweiachsigen Pritschenauflieger MAZ-5205. (Foto: Vitaly44)

der-Dieselmotor JaMZ-238F, der mit Turboladung hier 340 PS mobilisierte. Die Kraft wurde mittels Achtganggetriebe an die Hinterachsen weitergegeben. Die beiden Antriebsachsen mit Planetengetrieben an den Radnaben waren schwingend aufgehängt. Zur Verbesserung der Geländegängigkeit war das Vierganggetriebe mit einer zweistufigen, pneumatisch betätigten Nachschaltgruppe und die Mittelachse mit einem sperrbaren Zwischendifferential versehen.

Sehr viel Wert wurde auf die Neugestaltung des Fahrerhauses gelegt. Sicherheit und Bequemlichkeit einerseits, modernes Design und besserer Zugang zur Technik andererseits bestimmten die Entwicklung. So gab es unter anderem ergonomisch geformte Sitze, zwei Schlafplätze, ein Heizungs- und Lüftungssystem, das schon fast einer Klimaanlage gleichkam und eine neu gestaltete, übersichtliche Armaturentafel mit neuen, besser ablesbaren Instrumenten. Innenverarbeitung und Geräuschdämmung waren von bisher nicht gekannter Qualität. Die Kabine mit ungeteilter Frontscheibe war um 70° kippbar und oft mehrfarbig lackiert.

Im April 1983 wurde das eintausendste Exemplar ausgeliefert, am 14. April 1989 war ein MAZ-6422 der einmillionste in Minsk gefertigte Lastwagen. Ab 1987 wurden für den MAZ-6422 einige Modifikationen und Modellvarianten eingeführt und mit zusätzlichen Ziffern in der Typenbezeichnung kenntlich gemacht. Und der Sattelschlepper wird heute noch produziert.

MAZ-5432

Kurz nach dem Beginn der Fertigung des Dreiachssattelschleppers begann im Mai 1981 auch die Fertigung des Zweiachsers MAZ-5432. Dieser Lkw genoss all die Neuerungen und wesentlichen Verbesserungen gegenüber seinen Vorgängern, wie

Der Achtzylinder-Dieselmotor aus der Baureihe JaMZ-238 leistete mit Abgasturboladung zwischen 280 und 320 PS.

Mit dem Dreiachs-Sattelschlepper MAZ-6422 startete in Minsk ab 1981 eine neue, durchaus moderne Frontlenker-Generation.

schon beim MAZ-6422 beschrieben. Lediglich die Antriebskraft wurde ein wenig verringert, der Achtzylinder-V-Dieselmotor JaMZ-238P mit Turbolader leistete hier 280 PS bei unveränderter Drehzahl. Die gezogenen Auflieger durften maximal 26,8 Tonnen wiegen.

In seiner langen Bauzeit bis in die 2000er-Jahre gab es vom Typ MAZ-5432 einige Varianten wie den MAZ-54322 mit dem stärkeren 340-PS-Motor, den MAZ-54326 mit MAN-Dieselmotor oder den MAZ-54329 als Nahverkehrsvariante mit reduzierter Nutzlast und dem schwächeren V6-Diesel.

Die Fahrerhäuser der neuen Generation ließen sich um 70° nach vorn kippen.

Das hintere Doppelachsaggregat bestand aus zwei Außenplanetenachsen.

So modern und aufgeräumt hatte bisher noch keine Fahrerkabine eines sowjetischen Lasters von innen ausgesehen. Die Fahrt von Leningrad nach Wladiwostok konnte beginnen.

Auch äußerlich versuchte man in Minsk vom Biedermannimage wegzukommen.

Nicht nur im Fernverkehr, auch im Transport von Baumaterialien auf schwierigen Baustellen-Zufahrtswegen bewährte sich der MAZ-6422.

MAZ-5551

Fehlte noch die Umstellung des Hinterkippers MAZ-5549 auf die neue MAZ-Generation. Diese erfolgte ab 1985 mit dem Modell MAZ-5551. Es blieb beim Sechszylinder-Dieselmotor mit 180 PS des Vorgängers und auch das Fünfganggetriebe musste hier genügen. In die Ganzstahlkippmulde mit einem Fassungsvermögen von 5,5 Kubikmetern durften jetzt zehn Tonnen Schüttgut geladen werden, statt der 8,1 Tonnen beim Vorgängermodell. Optisch machte ansonsten natürlich die neue Fahrerkabine den Unterschied zum Vorgänger, allerdings war die beim Kipper nicht ganz so komfortabel ausgestattet wie bei den Überlandsattelschleppern. Die Produktion lief bis weit in die 2010er-Jahre.

Der Zweiachser MAZ-5432 ging etwa zeitgleich mit dem Modell MAZ-6422 in Serie. Eine Achse weniger und ein etwas schwächerer Motor machten den Unterschied aus.

Gut 26 Tonnen durfte der Auflieger für den MAZ-5432 auf die Waage bringen.

MAZ-535A

In den Jahren des Zweiten Weltkriegs machte die Rote Armee die Erfahrung, dass es entscheidend an Transportmitteln für Kettenfahrzeuge mangelte. Es existierten aus russischer Produktion keine Lastkraftwagen, die in der Lage gewesen wären, zum Beispiel einen T-34-Panzer zu transportieren. Nach dem Krieg experimentierte man mit verschiedenen, in Serie befindlichen Lkw-Grundtypen, ohne dabei befriedigende Ergebnisse zu erzielen.

So erhielt das MAZ-Werk in Minsk 1954 den Auftrag, einen passenden Lastwagen zu entwickeln. Neu gegenüber den bisherigen Fahrzeugen war neben der Größe, den vier permanent angetriebenen Achsen mit großer Einzelbereifung und Reifendruckregelanlage die verbaute Servolenkung und das hydrodynamische Getriebe, das ohne ma-

Der Hinterkipper MAZ-5551 in seiner ersten Ausführung ab 1985 mit der zu dieser Zeit aktuellen Frontgestaltung der Fahrerkabine. (Foto: toivo © CC-BY-SA-2.0)

Mit einigen Veränderungen, die auch am Fahrerhaus sichtbar sind, wurde der MAZ-5551 Hinterkipper vermutlich bis 2020 gebaut. (Foto: Redline © CC-BY-SA-3.0))

Einige MAZ-Fahrzeuge wurden auch für die Umrüstung auf Kommunalfahrzeuge herangezogen, wie diese Kehrmaschine auf der Basis des MAZ-5551 zeigt. (Foto: Andrew Butko © CC-BY-SA-3.0)

nuelles Kuppeln auskam. Im Mai beziehungsweise Juni 1956 wurden die ersten beiden funktionstüchtigen Prototypen mit der Bezeichnung MAZ-535 hergestellt. Nach einigen konstruktiven Korrekturen war das Fahrzeug – jetzt mit der Bezeichnung MAZ-535A – im Sommer 1957 bereit für eine Serienfertigung, die dann im Frühjahr 1958 begann.

Die Fertigung in Minsk hielt nicht lange an. Stattdessen wurde schon 1960 damit begonnen, die Produktion des MAZ-535 nach Kurgan im Südwesten Sibiriens zu einem Zweigwerk der Firma Uralselmasch zu verlagern. Der dortige Standort wurde in »Kurganer Radschlepperwerk« (Kurganski Sawod Koljosnych Tjagatschei, kurz KZKT) umgetauft und produzierte noch bis Anfang der 2010er-Jahre Spezialfahrzeuge für das Militär. Da die Lastwagen technisch sehr komplex waren, wurden nur geringe Stückzahlen gebaut. Nach rund 500 Exemplaren endete die Produktion im Frühjahr 1964.

Den MAZ-535 gab es als Pritschenfahrzeug oder reine Sattelzugmaschine.

MAZ-537

Der MAZ-535 wurde durch seinen leistungsstärkeren Nachfolger MAZ-537 abgelöst, der die kommenden 30 Jahre in Großserie gebaut wurde und eine weite Verbreitung in verschiedenen Armeen des Warschauer Pakts erfuhr.

Der anfangs parallel gebaute Nachfolger MAZ-537 war – sofern nicht mit einer Ballastpritsche versehen

Ein MAZ-535A mit Interkontinentalraketen im Schlepp. Für genau solche Tätigkeiten war das Fahrzeug entwickelt worden.

(MAZ-537A) – nur noch als Schwerlastsattelzugmaschine ausgeliefert worden; eine reine Pritschenversion wie beim Vorgänger gab es nicht mehr. Erste Versuchsfahrzeuge waren ab März 1959 entstanden, die Serienfertigung begann ein Jahr später. Vier Achsen mit der überdimensionalen Niederdruckbereifung 18.00-24 wurden permanent von einem 525 PS leistenden Zwölfzylinder-Saugdieselmotor in V-Anordnung angetrieben. Drei Gänge mit Vorgelege genügten, um mit der möglichen Höchstgeschwindigkeit von 55 km/h fahren zu können.

Die meistverbreitete Version war der MAZ-537G, der mit einer Seilwinde hinter dem Fahrerhaus ausgestattet war und damit selbstständig Lasten auf den Sattelauflieger ziehen konnte. Dies war auch die Ausführung, die ab etwa 1980 zur NVA in die DDR kam.

1964 wurde hier die Fertigung ebenfalls nach Kurgan verlegt, nachdem dort die Produktion des Typs MAZ-535 eingestellt worden war.

Bis 1990 entstanden neben dem Grundmodell eine Reihe von Sonderfahrzeugen, etwa der MAZ-537K als Kranfahrzeug zur Raketenverladung oder der MAZ-537L als Flugzeugschlepper mit speziell untersetztem Getriebe.

Mit diversen Änderungen und Modernisierungen wurde der MAZ-537 bis 1990 gebaut.

MAZ-543

Ein weiteres schweres Zugfahrzeug, das in Minsk entwickelt und schließlich auch dort über drei Jahrzehnte lang gebaut wurde, war der Typ MAZ-543.

Die Serienfertigung begann 1965 und endete erst

Foto: Ralf Weinreich

Mächtig gewaltig: Die Schwerlast-Sattelzugmaschine MAZ-537 in der Seitenansicht. (Foto: User No.101 © CC-BY-SA-3.0)

MAZ-537 mit Tieflader TschMZAP-5247 transportiert eine BAT-Pionierraupe. (Foto: Ralf Weinreich)

im Jahr 2000. Das Modell MAZ-543 war ursprünglich für den Transport von Mittel- und Langstreckenraketen konzipiert. Zur Reduzierung der Gesamtlänge war der Gefechtskopf zwischen den beiden Fahrerhäusern gelagert, was wohl das markanteste Merkmal des Fahrzeugs darstellte. In jedem Fahrerhaus fanden zwei Personen Platz. Beim Modell MAZ-543M allerdings war auf die rechte Fahrerkabine verzichtet worden.

Im Laufe der langen Bauzeit gab es verschiedene Ausführungen und Weiterentwicklungen des MAZ-543. So entstand unter anderem der MAZ-547, eine verlängerte Variante mit stärkerer Motorisierung, die vor allem als Raketenstart- und Transportfahrzeug sowjetischer SS-20-Mittelstreckenraketen aus den 1980er-Jahren bekannt war. Ansonsten waren eine Vielzahl von militärischen und zivilen Aufbaumöglichkeiten vorgesehen. Allen Varianten des MAZ-

Vor allem dafür war der MAZ-537 gedacht: Zum Ziehen schwerer Raketensysteme. (Foto: V. Zinin © CC-BY-SA-3.0)

Beim Typ MAZ-537G steckte eine Seilwinde in dem Blechkasten hinter der Motorabdeckung. (Foto: VargaA © CC-BY-SA-4.0)

543 war der V12-Viertakt-Dieselmotor vom Typ D12A-525 mit einer Leistung von 525 PS bei 2100 bis 2300 U/min gemein. Es handelte sich um einen schnelllaufenden Dieselmotor mit Direkteinspritzung und einem Hubraum von 38,88 Liter. Die Masse des Motors betrug 1,45 Tonnen. Die Kraftübertragung erfolgte über Zwischengetriebe und hydraulischen Wandler auf das Dreigang-Wechselgetriebe mit zentralem Verteilergetriebe auf alle vier Achsen.

Nach der Auflösung der Sowjetunion wurde die Typenreihe weiterentwickelt und wird als MZKT-7930 »Astrolog« bis heute gebaut.

Ein MAZ-543P mit der ballistischen Boden-Boden-Rakete R-17, deren Spitze bis zwischen die beiden Fahrerkabinen ragt.

Ganz speziell für die ballistische Boden-Boden-Rakete TR-1 wurde ab 1966 der MAZ-543P gebaut. (Foto: Alf van Beem)

MAZ nach 1990

Am 25. August 1991 verkündete das Parlament der Belarussischen Sozialistischen Sowjetrepublik die Unabhängigkeit von der Sowjetunion. Nach deren Zerfall intensivierte MAZ die Beziehungen zu MAN (Maschinenfabrik Augsburg-Nürnberg), inzwischen mit Sitz in Oberhausen, was 1997 zu einem Joint Venture führte. In der Folge wurden Lkw mit Komponenten von MAN unter der Bezeichnung MAZ-MAN gebaut und in verschiedenen Ländern angeboten. Zudem wurden MAZ-Lastwagen in Vietnam und seit Juli 2004 auch im Iran produziert. Im Oktober 2013 wurde mit der Regierung von Ecuador ein Vertrag unterzeichnet und die Montage von Bussen auf Basis der Lastkraftwagenmodelle MAZ-4371 und MAZ-5340 begonnen.

Weiterhin werden mehrachsige schwere Lkw im Minski Sawod Koljosnych Tjagatschei (Minsker Radschlepperwerk MZKT) hergestellt, das 1991 als Tochterunternehmen gegründet worden war. Vertrieben werden diese Fahrzeuge unter dem Markennamen »Volat«.

Am 21. Juni 2021 wurde MAZ in die Sanktionsliste der Europäischen Union aufgenommen. Kanada, die Schweiz und die USA folgten bald darauf.

Im Mai 2023 verhängte die Ukraine, bis dahin wichtiger Exportpartner, Sanktionen gegen das Werk.

Im Minsker Zweigwerk MZKT unter dem Markennamen »Volat« gebaute Sattelzugmaschine des Typs MZKT-7401. (Foto: Redline © CC-BY-SA-3.0)

Bis heute werden in Minsk schwere Lkw für die eigene sowie für die russische Armee gebaut. Im Bild der Allrad-Dreiachser MZKT-6001. (Foto: Vitaly V. Kuzmin © CC-BY-SA-4.0)

KamAZ – Großserien an der Kama

Die 1922 gegründete Sowjetunion war mit Abstand das größte Land der Welt. Ein Lkw musste zwischen Leningrad (Sankt Petersburg) im Nordwesten und Wladiwostok im äußersten Osten 9.585 Kilometer Straße bewältigen, wozu er zu Beginn der 1970er Jahre etwa eine Woche brauchte – sofern ohne große Unterbrechung durchgefahren wurde. Die ökonomische Entwicklung des Riesenlandes kam nur sehr schleppend voran. Der Stalinismus mit seinem teils zentralistischen Planungssystem, Zwangsumsiedlungen in ganz großem Stil und Stalins Säuberungsaktionen mit Millionen Toten, darunter viele Akademiker, ließen schnelle Entwicklungsschritte bis zu Beginn des Zweiten Weltkriegs nicht zu. Abseits der Metropolen lebten viele Menschen weiterhin wie im Mittelalter. Der Krieg brachte weitere Millionen Tote und erst nach dem Ende von Stalins Schreckensherrschaft 1953 konnte das Land mal kräftig durchatmen und ein ganz klein wenig schneller an der Entwicklungsschraube drehen.

Es dauerte jedoch bis in die 1970er Jahre hinein, also bis 50 Jahre nach der Gründung der UdSSR (Union der Sozialistischen Sowjetrepubliken), ehe auch das letzte Kalmückendorf mit Strom versorgt werden konnte, fließend Wasser gibt es vielerorts in entlegenen, ländlichen Gegenden Russland bis heute nicht.

Für die Entwicklung des Landes brauchte es Transportkapazitäten auf der Schiene und auf der Straße. Für Letztere war zwar schon einiges getan worden, wie im Band »Russlands schwere Hauber« und in diesem Buch bis hierher zu lesen ist. Für das große Land und das wichtige Exportgeschäft reichte das aber noch längst nicht aus. Und so hieß es offiziell: »Der XXIV. Parteitag der KPdSU und der Ministerrat der UdSSR beschlossen im Jahre 1969 ein dem technischen Höchststand entsprechendes Lkw-Werk zu errichten.«

Das Werk an der Kama

Der diplomierte Ingenieurökonom Michael Dünnebier hatte 1982 die Möglichkeit erhalten, das neue Lkw-Werk in der Sowjetunion zu besuchen und veröffentlichte danach einen umfassenden Artikel darüber im »Motor-Jahr 84/85«. In späteren Buchprojekten nutzte er Auszüge dieses Textes und publizierte zum Aufbau des Werkes an der Kama unter anderem folgende Zusammenfassung: »KamAZ war der bedeutendste Neubau eines Lkw-Werks in der Sowjetunion. Unter fast 60 möglichen Standorten entschied man sich bei der Projektierung Ende der 1960er Jahre für die Stadt Nabereschnyje Tschelny (die von 1982 bis 1988 in »Breschnew« umbenannt worden war) am Fluss Kama in der Tatarischen Sowjetrepublik.

Als 1976 die Serienproduktion bei KamAZ begann, war das Werk eines der modernsten der Welt. Im Bild die mit Hilfe von Renault aufgebaute automatische Taktstraße für die Motorenmontage.

Aus der weitestgehend aus Japan importierten Pressstraße fertigte KamAZ die Einzelteile für die Gehäuse der Antriebsachsen.

KamAZ selbst bezeichnete die Fertigungslinie für Kurbelwellen und Vorderachsträger als eine der größten der Welt.

Die ungünstigen klimatischen Verhältnisse (bis zu -50°C im Winter) wurden durch lokale Vorteile wettgemacht: günstige Energiebasis durch reiche Erdölvorkommen und Wasserkraftwerke, entwickelte Chemieindustrie, ökonomisch günstige Transportwege auf dem Wasser und unbegrenzte Baufreiheit. Im Dezember 1969 begannen die Erschließungsarbeiten und im März 1971 war Baubeginn für die ersten Werkshallen. Die Planung orientierte auf eine Jahresproduktion von 150.000 Lastwagen und 250.000 Motoren. Dazu errichtete man einen Komplex, bestehend aus sechs Werken: Motorenwerk, Press- und Rahmenfabrik, Montagewerk, Gießerei, Schmiede, Reparatur- und Werkzeugfabrik. Zahlreiche ausländische Firmen waren an der Projektierung und am Bau beteiligt.

Mehr als 70 Prozent der benötigten Maschinen und Ausrüstungen wurden importiert. So stammten die Anlagen zur Motorenfertigung aus Frankreich, der Fahrerhausmontagekomplex aus Italien, die komplette Gießerei aus den USA. Die Pressen kamen aus Japan, der DDR und den USA, die Fördertechnik aus Bulgarien, Prüfstände aus Österreich sowie Werkzeugmaschinen aus der CSSR und der DDR. Bei der Inbetriebnahme gehörten zur Produktionsvereinigung KamAZ auch das Werk für Kipperaufbauten in Neftekamsk sowie ein Betrieb für Sattelauflieger und eine Aggregatefabrik in Sainsk. Die Fertigungstiefe war mit 90 Prozent aller Bauteile erheblich.« (siehe auch »Lastwagen & Busse Osteuropas«, Motorbuch Verlag, 2019)

Zu Baubeginn 1969 lebten in Nabereschnyje Tschelny etwa 30.000 Menschen, zu Beginn der 1980er Jahre waren es 400.000! 120.000 davon waren in den Lkw-Werken beschäftigt.

Einer der Abschnitte zur Fahrgestellmontage am 700 Meter langen Hauptfließband. 1981 kam ein weiteres, ebenso langes Montageband dazu.

Fertige und halbfertige Fahrzeuge warten im Außenbereich auf ihren Weitertransport. Das Steppengelände im Hintergrund zeigt einen Ausschnitt der unwirtlichen Gegend, in die das Werk gebaut wurde.

KamAZ-5320

In die Entwicklung der KamAZ-Lkw waren namhafte Hersteller des Landes involviert: ZIL für Fahrerhaus und Fahrgestell, JaMZ (Jaroslawl) für die Motoren und MAZ für die Kipperaufbauten. Aus dem Ausland kamen diverse Zulieferteile für die Endmontage, wie etwa Bremsenteile aus Polen, Jugoslawien und den USA.

Im Februar 1976 wurde offiziell mit der Serienfertigung begonnen. Die Stückzahlen blieben anfangs allerdings bescheiden; es dauerte etwa zwei Jahre, bis alles richtig rund lief.

Zur ersten an der Kama gebauten Fahrzeuggeneration mit drei Achsen, der sogenannten Acht-Ton-

Für die Produktion im neuen Werk an der Kama waren vorerst grundsätzlich Dreiachser-Lkw vorgesehen. Zu den Lastern der ersten Stunde gehörte das Pritschenfahrzeug KamAZ-5320.

nen-Generation, gehörte das Pritschenfahrzeug KamAZ-5320. Acht Tonnen konnten hier also auf die Stahlpritsche geladen werden, maximal 11,5 Tonnen durfte der Anhänger wiegen. Spriegel und Plane gehörten zur Standardausrüstung, das Fahrerhaus konnte mit oder ohne Schlafkabine geordert werden. 42° betrug der Kippwinkel des Fahrerhauses, bei abgenommener Stoßstange waren es 60°.

Die Hinterachsen wurden über ein Zehngang-getriebe (fünf Gänge mit Vorgelege), die Zweischeiben-Trockenkupplung und schließlich den V8-Dieselmotor, einen Direkteinspritzer mit Mittenkolbenbrennraum und 210 PS, angetrieben.

Das Pritschenfahrzeug war ein Dauerbrenner im KamAZ-Programm und rollte bis zum Jahr 2000 aus der Montagehalle.

Abweichend vom Grundmodell gab es ab 1980 den KamAZ-53212 mit einer erhöhten Nutzlast von zehn Tonnen und den KamAZ-53213 als Chassis für die Montage von Sonderaufbauten.

Der KamAZ-5320 kam in die DDR und auch zur NVA. Dort liefen bei Übernahme durch die Bundeswehr noch 160 Exemplare, zusätzlich 56 Fahrzeuge, die in der DDR mit einem Heck-Ladekran ausgerüstet wurden.

Das Chassis des KamAZ-5320 konnte bei acht Tonnen Ladekapazität eine Gesamtmasse von 15,5 Tonnen bewältigen.

Für sowjetische Verhältnisse herrschten in der Fahrerkabine der KamAZ-Laster beinahe schon luxuriöse Verhältnisse.

Der KamAZ-5320 entwickelte sich schnell zu einem der wichtigsten Transportfahrzeuge in der UdSSR und wurde bis zur Jahrtausendwende gebaut.

KamAZ-5410

Parallel zum Pritschenfahrzeug gehörte die Sattelzugmaschine KamAZ-5410 zu den Fahrzeugen der ersten Stunde im Werk von Nabereschnyje Tschelny. Da er aus Ressourcengründen ebenfalls mit dem 210 PS leistenden V8-Dieselmotor ausgestattet werden musste, beschränkte sich das zulässige Gewicht der zumeist zweiachsigen Sattelauflieger auf 19,1 Tonnen. Die Sattellast betrug dabei etwas mehr als 8 Tonnen. Obwohl das eigentlich für zu gering eingeschätzt worden war, blieb der Sattelschlepper bis weit über das Jahr 2000 im Programm.

Für alle KamAZ-Trucks galt: Um die Geländegängigkeit zu verbessern, waren die beiden hinteren Achsen angetrieben, die Mittelachse zusätzlich mit einem sperrbaren Ausgleichsdifferenzial (»Längssperre«) ausgestattet und eine Getriebeuntersetzung verbaut. Für schweres Gelände waren die Zugmaschinen aber nicht gedacht, dafür fehlte vor allem der Allradantrieb. KamAZ lieferte die Lastwagen in unterschiedlichen Modifikationen für die

Die maximale Sattellast für den KamAZ-5410 betrug 8,1 Tonnen.

Die Sattelzugmaschine KamAZ-5410, hier unterwegs mit dem speziell für dieses Fahrzeug konzipierten Pritschenauflieger OdAZ-9370.

tropische, die polare und die gemäßigte Klimazone.

Die DDR importierte Lastwagen vom Typ KamAZ-5410 zwischen 1978 und 1983. Dort wurde dann teilweise in Eigenregie in verschiedenen Werkstätten eine Hydraulikanlage nachgerüstet, um die Fahrzeuge mit Kippaufliegern betreiben zu können. Diese Fahrzeuge erhielten in der DDR die Bezeichnung KamAZ-5410H.

KamaAZ-5511

Zur ersten Generation der KamAZ-Laster (manche Historiker verorten ihn schon in der zweiten Generation) gehörte auch der Kipper KamAZ-5511. Seine Entwicklung war bereits 1972 begonnen worden, zu einem Zeitpunkt, als sich das Herstellerwerk in Nabereschnyje Tschelny noch im Rohbau befand. Die ersten Prototypen mit nur sieben Tonnen Nutzlast erhielten die Bezeichnung KamAZ-5510, die für das Serienmodell nicht beibehalten wurde. Die

Der Hinterkipper KamAZ-5511 konnte 10 Tonnen in die durch Abgase beheizbare Ganzmetallkippmulde laden.

Großserienproduktion begann 1977, wobei das Neftekamski Awtosawod die Aufbauten zulieferte. Die Mulden aus Stahl fassten zunächst 7,2 Kubikmeter Schüttgut, das maximal 10 Tonnen wiegen durfte. Entleert wurde mit einem Kippwinkel von 60°. Mit Hilfe der Abgase des Fahrzeugs konnte die Kippmulde beheizt werden, was das Festfrieren von nassem Ladegut bei niedrigen Temperaturen verhinderte.

Mit unveränderter Typenbezeichnung wurde der Kipper bis 1990 gebaut, wobei zu diesem Zeitpunkt die Ladefläche der Mulde um 560 mm verkürzt worden war, um bis dahin öfter vorgekommene Überladungen zu verhindern. Das Ladevolumen betrug dann nur noch 6,6 Kubikmeter.

Mit den zwei angetriebenen Hinterachsen, der Getriebeuntersetzung und einer ausreichenden Bodenfreiheit kam der Kipper auch gut durch leichtes Gelände.

Blick auf das übersichtliche Cockpit des KamAZ-5511.

Laut Avtoexport konnte der Kipper KamAZ-5511 optional auch mit einer leichteren Kippwanne aus Aluminium bestückt werden. Die Ladekapazität erhöhte sich dann auf elf Tonnen. Ob diese Variante tatsächlich in Serie gebaut wurde, ist fraglich.

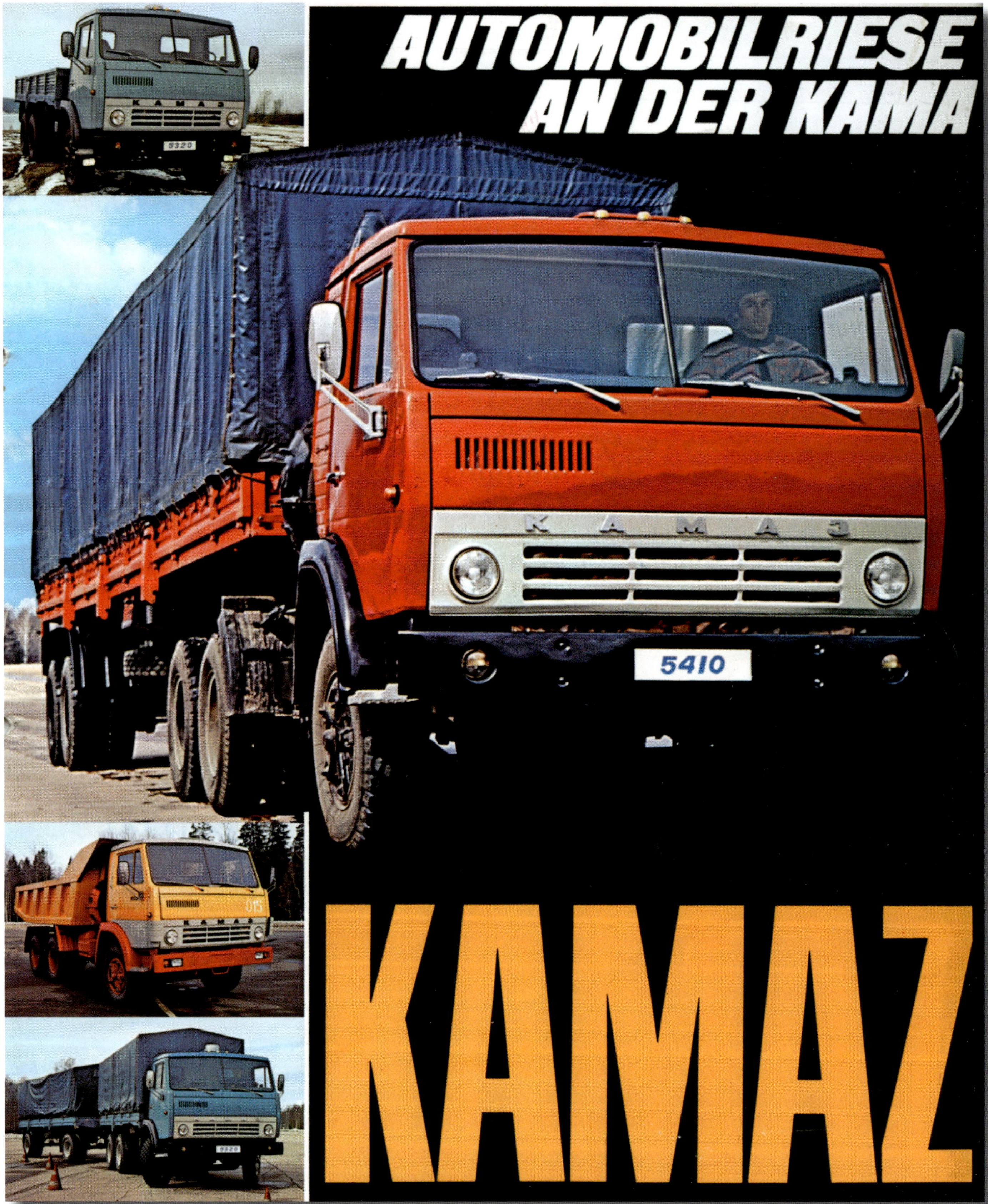

Die in Moskau erstellte und in deutscher Sprache herausgegebene Zeitschrift »Avtoexport informiert« befasste sich in ihrer Ausgabe 46 von 1979 ausführlich mit dem Werk an der Kama und seinen Fahrzeugen.

KamAZ-55102

Auf Grund seiner Ladekapazität von sieben Tonnen galt der Zweiseitenkipper KamAZ-55102 noch der ersten Achttonnen-Generation von KamaAZ zugehörig, obwohl er erst ab 1980 gebaut wurde. Mit dem Radstand des Pritschenwagens KamAZ-5320 basierte dieser speziell für die Landwirtschaft konzipierte Laster ansonsten auf dem Hinterkipper KamAZ-5511. Motor und Getriebe waren unverändert übernommen worden. Die Kippfähigkeit nach links und rechts (nicht nach hinten) und die hohen, relativ dicht geschlossenen Bordwände machten unter anderem Getreide- oder Düngemitteltransporte möglich. Etwa acht Kubikmeter passten auf die Ladefläche mit flachem Boden; mit zusätzlichen Aufsätzen konnten es bis zu 15 Kubikmeter werden. Über die genaue Bauzeit des Kippers gibt es unterschiedliche Angaben, wahrscheinlich war auch hier 1990 Schluss.

In erster Linie für die Landwirtschaft war der Zweiseitenkipper KamAZ-55102 entwickelt worden. Optional war eine Erhöhung der Ladebordwände möglich.

KamAZ-4310 und KamAZ-43105

Aus dem Rahmen der üblichen Gesamtgewichts-Klassifizierung bei den KamAZ-Serien fielen die Modelle mit Allradantrieb, die erst ab 1981 gebaut wurden. Bis 1978 waren bereits einige Prototypen und Vorserienmodelle unter der Bezeichnung KamAZ-4310 entstanden, ehe schließlich 1981 die Serienfertigung begann. Die Basis der Konstruktion bildete wieder der KamAZ-5320, die jetzt aber einige wesentliche Änderungen erfahren hatte. Welche natürlich in erster Linie den permanenten Allradantrieb, aber auch die Verringerung der Ladekapazität von acht auf sechs Tonnen und die Umstellung von Doppel- auf Einfachbereifung der Hinterachsen betrafen. Zum Ausgleich von Letztgenanntem wurden jetzt Breitprofil-Geländereifen der Größe 1220x400-533 verwendet. Außerdem hatte der Allradler eine

Permanenter Allradantrieb und Breitprofil-Geländereifen unterschieden den Allrad-Lkw unter anderem vom Modell KamAZ-5320.

Gegenüber dem Modell KamAZ-4310 hatte der KamAZ-43105 eine Seilwinde und eine längere Pritsche, die eine höhere Nutzlast vertrug.

hydraulische Kippvorrichtung für die Fahrerkabine, eine Reifendruck-Regelanlage und eine leistungsstärkere Elektrik.

In der Sowjetunion galt das Pritschenmodell wieder als Grundvariante des Allradlers, zu dem sich aber auch diverse Sonderaufbauten gesellten. Wobei der meistgebaute Typ der KamAZ-43105 (siehe auch Bild am Kapiteleingang) mit Seilwinde, verlängerter Pritsche und sieben Tonnen Nutzlast war. Zur Nationalen Volksarmee der DDR kamen ab 1987 unter anderem Kofferfahrzeuge für Spezialanwendungen und vor allem fast 250 Tankfahrzeuge vom Typ AZ-7-4310.

Ab 1989 brachte KamAZ die überarbeiteten Versionen KamAZ-43101 als Nachfolger für den Typ KamAZ-4310 und das Modell KamAZ-43106 für den Typ KamAZ-43105 auf den Markt.

Das Pritschenfahrzeug war auch bei der Allradausführung KamAZ-4310 die Grundvariante. Spriegel und Plane gab es optional.

In den Armeen der Ostblockstaaten wurde der KamAZ-4310 oftmals mit einem Kofferaufbau für verschiedene Zwecke versehen. Hier ein Exemplar bei einem Fahrzeugtreffen in Deutschland. (Foto: Matti Blume © CC-BY-SA-4.0)

KamAZ-53212

Nach der 1976/77 angelaufenen Acht-Tonnen-Generation begann 1980 die Produktion der Zehntonner. Das Grundfahrzeug war auch hier wieder der Pritschenlaster. Gegenüber dem leichteren KamAZ-5320 wurden der Rahmen, die Federn sowie Achsen und Kardanwellen verstärkt. Dadurch konnte die Nutzlast um zwei Tonnen angehoben werden, auch die Anhängelast vergrößerte sich. Mit der Verlängerung des Radstandes um 500 mm wurde auch die Pritsche verlängert, sodass nun eine Grundfläche von knapp 14 Quadratmetern zur Verfügung stand. Die Antriebseinheit mit Motor und Getriebe blieb unverändert und war damit eigentlich unterdimensioniert. Neben der zulässigen Nutzmasse von zehn Tonnen für das Basisfahrzeug durfte ein Anhänger

Rechtzeitig für die neuen Zehntonner konnte im Werk an der Kama das zweite Hauptmontageband mit 700 Meter Länge in Betrieb genommen werden.→

Das Grundfahrzeug der zweiten KamAZ-Generation mit nun zehn Tonnen Nutzlast war ab 1980 wieder das Pritschenfahrzeug, jetzt mit der Typenbezeichnung KamAZ-53212.

Beim KamAZ-53212 konnten zehn Tonnen auf die 14 Quadratmeter große Pritsche geladen werden, der Anhänger durfte maximal 16 Tonnen wiegen.

Zu den verschiedensten Varianten des Typs KamAZ-53212 gehörte auch die Ausführung mit Ladekran. (Foto: Alexey8601 © CC-BY-SA-4.0)

maximal 16 Tonnen wiegen. Vom KamAZ-53212, der bis 2002 gebaut wurde, gab es wieder zahlreiche Ausführungen, etwa für kalte oder warme Klimazonen, als Tankwagen, Feuerwehrfahrzeuge, Abwasserentsorger, mit Kranaufbauten und auch blanke Fahrgestelle. Die DDR importierte ab 1982 einige KamAZ-53212, die entweder in ihrem Urzustand verblieben, oder für andere Zwecke umgebaut wurden. Etwa als Langholztransporter in der Forstwirtschaft. Anders als der KamAZ-5320 kam der KamAZ-53212 nur zu Erprobungszwecken zur NVA.

KamAZ-54112

Parallel zum schwereren Pritschenwagen kam 1980 auch die Sattelzugmaschine, deren Sattellast jetzt 11350 Kilogramm betragen durfte, auf das neue Montageband in Nabereschnyje Tschelny. Noch einmal bis zu 16 Tonnen zusätzlich durfte der Auflieger wiegen.

Die DDR importierte auch Fahrzeuge vom Typ KamAZ-54112. Und wie bereits beim Achttonnen-Sattelschlepper wurden auch hier einige Fahrzeuge nachträglich mit einer Kipphydraulik versehen, um entsprechende Kippsattelauflieger zum Transport von Schüttgütern ziehen und entladen zu können. In der DDR erhielten diese nachträglich umgebauten Fahrzeuge die Bezeichnung KamAZ-54112H. Obwohl es bereits ab 1995 mit dem KamAZ-54115 einen Nachfolger gab, wurde der KamAZ-54112 wahrscheinlich noch bis 2006 produziert.

Parallel zu den Pritschenfahrzeugen wurde bei KamAZ ab 1980 die schwerere Sattelzugmaschine vom Typ KamAZ-54112 gefertigt.

KamAZ-55111

Es war eigentlich geplant, bei KamAZ im Verlaufe der 80er Jahre mit der Einführung einer dritten Modellreihe mit 12 Tonnen Nutzlast zu beginnen. Zu deren Antrieb war ein neuer Dieselmotor mit zehn Zylindern in V-Form und Turbolader vorgesehen. Aus Kapazitätsgründen, wie es hieß, kam es nicht zu einer Serienfertigung des Motors und von den Zwölftonnern entstanden lediglich einige Prototypen. Aber auch mit den bestehenden Lkw-Typen lief es nicht so rund, wie es die Planvorgaben eigentlich forderten. Denn im Februar 1976 war an der Kama mit der Serienfertigung von Lkw begonnen worden, in dem Werk, das für 150.000 Fahrzeuge pro Jahr gedacht war. Erst im Oktober 1988 lief dann der einmillionste Lkw aus der Montagehalle.

Die ab 1988 gebauten neuen KamAZ-Typen waren am neuen, mehrfach überarbeiteten Fahrerhaus erkennbar. So auch der Hinterkipper KamAZ-55111. (Foto: High Contrast © CC-BY-SA-3.0)

13 Tonnen Schüttgut, die höchstens 7,2 Kubikmeter einnahmen (später gekürzte Mulde mit 6,6 Kubikmetern), konnten dem Kipper KamAZ-55111 maximal aufgeladen werden.

Ein Modell aus der geplanten 12-Tonnen-Serie hatte es dann aber doch noch zu Sowjetzeiten in die Serienfertigung geschafft, wenn auch mit dem herkömmlichen Achtzylinder-Motor KamAZ-740. Mit dem Hinterkipper KamAZ-55111 legten die Autobauer an der Kama den zweiten Standardkipper nach dem Modell KamAZ-5511 auf. Die Nutzlast war jetzt auf 13 Tonnen angestiegen und die Fahrerkabine überarbeitet worden. Was dann im Verlaufe der Bauzeit bis 2012 noch mehrfach geschah. Während die Leistung des Motors bei 220 PS verblieb, war das Drehmoment noch einmal leicht auf 680 Newtonmeter erhöht worden. Und anders als beim Vorgänger konnte jetzt wahlweise das einfache Fünfganggetriebe oder das Getriebe mit Vorgelege, das zehn Vorwärts- und zwei Rückwärtsgänge ermöglichte, geliefert werden.

Wie bei nahezu allen KamAZ-Typen wurde auch der neue Kipper in diversen Sonderausführungen gebaut, unter anderem für tropische Regionen oder extrem kalte Gebiete mit bis zu -50 °C.

Die Zweiachser

Während man bei KamAZ mit den größeren dreiachsigen Zwölftonnern nicht vorankam, führte das Werk, das im nun wieder zurückbenannten Ort Nabereschnyje Tschelny lag, 1988 zweiachsige Lkw im Nutzlastbereich bis 13 Tonnen ein. Der Grundtyp war wie gewohnt das Pritschenfahrzeug mit der Bezeichnung KamAZ-5325, das etwas über elf Tonnen zuladen konnte. Eine etwas leichtere Version mit der Bezeichnung KamAZ-5315 durfte nur zehn Tonnen Nutzlast transportieren.

Ab 1988 begann bei KamAZ die Montage der Zwölftonnen-Laster mit nur zwei Achsen. Der Typ KamAZ-5325, hier in der ersten Ausführung, konnte etwas über elf Tonnen auf die Pritsche laden.

Auch eine Sattelzugmaschine mit nur zwei Achsen kam ins Programm. In einer einfacheren Ausführung für den Inlandsmarkt mit der Bezeichnung KamAZ-5415 und für den Export mit diversen Extras als KamAZ-5425. Letzterer wurde erstmals vom Achtzylinder-Diesel mit Turbolader und 260 PS angetrieben. Nach 1994 konnte auch der Pritschenwagen mit Turbolader geordert werden.

Ungewöhnlich bei diesen Fahrzeugen war die Tatsache, dass die Achsen nicht aus der Eigenfertigung von KamAZ stammten, wie bei den Dreiachsern üblich, sondern vom Maschinenbauer Rába im ungarischen Györ importiert werden mussten. Das hatte wieder mit den Kapazitätsengpässen des sowjetischen Werkes zu tun.

Die Kabinen entsprachen denen der anderen KamAZ-Lkw dieser Zeit und verfügten über einen oder zwei Schlafplätze, was die Zweiachs-Lastwagen auch für den Fernverkehr tauglich machte.

Die Zweiachser-Sattelzugmaschine KamAZ-5425, hier ebenfalls in der ersten Ausführung, durfte mit beladenem Sattelauflieger maximal 34 Tonnen wiegen.

Die Achsen-Fertigung des Rába-Werkes im ungarischen Györ, wo die Achsen der KamAZ-Zwölftonner gefertigt wurden.

KamAZ nach 1990

Bereits am 23. August 1990 wurde der Betrieb als Erster in der Sowjetunion in eine Aktiengesellschaft umgewandelt. Inzwischen umfasste der Produk-

KamAZ-53212 mit 260 PS und Turbomotor für den Transport von Flüssiggas unweit der tadschikischen Hauptstadt Duschanbe im Sommer 2016

tionskomplex zehn große Spezialwerke mit einer Kapazität von bis zu 65.000 Lkw, 1.000 Bussen und bis zu 75.000 Dieselmotoren pro Jahr. Aber schon 1992 wurden außerdem amerikanische Cummins-Motoren, die bis zu 400 PS leisteten, Eaton-Getriebe und Fahrerhäuser von Sisu eingesetzt. Auch die Zahnradfabrik Friedrichshafen lieferte Getriebe und der US-Hersteller Rockwell für einige Typen die Achsen.

Nach dem Zerfall der Sowjetunion und der Abkehr der ehemaligen Ostblockstaaten von russischen Produkten stand KamAZ Ende der 90er Jahre vor der Insolvenz. Trotz eines Kredits von 100 Millionen Dollar durch die Europäische Bank für Wiederaufbau und Entwicklung, kam die Firma vorerst nicht wieder auf die Beine. Im Jahr 2000 wurden nur rund 5000 Lkw gebaut und westliche Firmen stellten die Lieferungen von Teilen und Baugruppen an die Kama ein.

Im Dezember 2008 stieg schließlich die Daimler AG bei KamAZ ein und ließ bald eigene Lkw in Nabereschnyje Tschelny bauen. Ab 2016 legte das Unternehmen dann auch eine eigene, neue Lastwagengeneration rund um den Kipper KamAZ-6580. In der Serienfertigung wurden hier Motoren von Mercedes-Benz und Getriebe von ZF Friedrichshafen verbaut.

Aufgrund des russischen Überfalls auf die Ukraine verhängten westliche Länder und Institutionen Ende Februar 2022 Sanktionen gegen Russland und ab dem 28. Februar 2022 begannen Daimler Truck und ZF Friedrichshafen sich aus der Kooperation mit KamAZ zurückzuziehen. Zwei Jahre später waren die deutschen Anteile komplett veräußert. Dennoch hielt sich der russische Autobauer am Leben, wenn auch mit veralteter Technik und deutlichem Gewinnrückgang.

Ab etwa 1994 konnten die eigenen Achtzylinder-Motoren auch mit einem Turbolader bestückt werden. Die maximale Leistung betrug dann 260 PS. Im Bild ein KamAZ-5325. (Foto: RL GNZLZ © CC-BY-SA-3.0)

Auf einer Brandschutzmesse wurde im Jahr 2010 diese Metz-Drehleiter, mit 32 m Steighöhe, auf KamAZ-53605 vorgestellt. Dem Anstrich nach zu urteilen war sie für den Einsatz in Moskau vorgesehen. (Foto: Ralf Weinreich)

Der Allradkipper KamAZ-65802 entstammte der neuen, ab 2016 gebauten Lkw-Generation des russischen Werkes. (Foto: Artem Svetlov, CC-BY-2.0.)

Sowjet-Laster in aller Welt

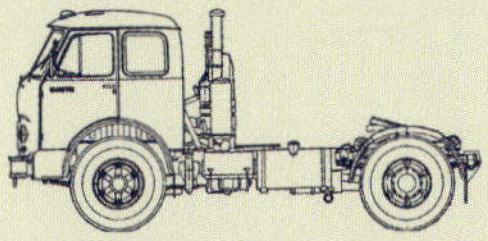

Zur Förderung des Exports sowjetischer Kraftfahrzeuge wurde 1956 die V/O AVTOEXPORT in Moskau gegründet. Das Unternehmen trat in früheren Zeiten im deutschen Sprachraum auch abweichend als W/O Awtoexport auf. W/O stand ins Deutsche übersetzt für »All-Unions-Vereinigung«, die Außenhandelsorganisation war unmittelbar dem Ministerium für Bau-, Straßen- und Kommunalmaschinenbau der UdSSR unterstellt. Es ging um die »sozialistisch-planmäßig« zu steigernde Ausfuhr an bestehende Kunden und die Erschließung neuer Märkte »in den entlegensten Regionen des Erdballs«, wie es in einer Festschrift anlässlich des 25jährigen Bestehens der Firma hieß. Und es ging vor allem darum, mit dem Export in den Westen Devisen einzusammeln und mit dem Export in die »sozialistischen Bruderländer« Tauschgeschäfte – durchaus zu beiderseitigem Vorteil – abzuwickeln. 1978 vermeldete AVTOEXPORT einen Umsatz von zwei Milliarden Rubel, der sich aus der Zusammenarbeit mit 229 Firmen in 81 Ländern ergeben hatte. Der Rubel war zu dieser Zeit von der sowjetischen Staatsbank sehr hoch ins Verhältnis 1:1 zum englischen Pfund Sterling (oder grob 1:2 zum amerikanischen Dollar) gesetzt worden. Was für internationale Geschäfte aber keine Rolle spielte, da der Rubel nicht frei konvertierbar war. Für die Geschäfte mit den RGW-Staaten gab es den sogenannten »Transferrubel«, eine reine Rechnungswährung zur Verrechnung von Verbindlichkeiten, und zur Warenwertbestimmung.

Eine ganze Herde von Kippern des Typs KamAZ-5511 zum Belastungstest auf der Freiheitsbrücke in Budapest 1985. Ungarn war einer der größten Importeure sowjetischer Lkw.

Die Vereinigung exportierte 450 Typen, angefangen vom Fahrrad bis zum schweren Lastwagen. 250 Techniker waren ständig in aller Welt unterwegs, um Servicekräfte zu schulen oder bei der Einrichtung von Werkstätten zu helfen. 3.900 Servicestützpunkte soll es zu dieser Zeit weltweit gegeben haben.

Stand Ende 1978 waren über AVTOEXPORT 3.477.000 Fahrzeuge ins Ausland verkauft worden.

Zur Koordinierung des Exports der verschiedenen Kraftfahrzeugsegmente waren ab dem 1. Januar 1979 neun spezialisierte Export- und Importfirmen tätig, die unterhalb der Mutterfirma agierten. Für

Ein MAZ-5334 auf einer Straße zwischen Kairo und Alexandria trägt ein sowjetisches Bohrgerät vom Typ 1BA-15. (Foto: Waleed EL Gazzar © CC-BY-SA-4.0)

die Lastkraftwagensparte waren das die Firmen GRUSAVTO (ZIL, URAL, GAZ), AVTODIESEL (MAZ, KamAZ) und AVTOSPEZTRANS (Kommunal- Behörden- und sonstige Spezialfahrzeuge).

Im Jahr 1987 erzielte Avtoexport einen Auslandsumsatz von 12 Milliarden Rubel (ca. sechs Milliarden US-Dollar), 48 mal so viel wie im Gründungsjahr 1956.

Ein MAZ-509A mit aus Mangel an originalen Ersatzteilen umgebauten Vorderachse in der kubanischen Stadt Viñales. Kuba war abhängig von sowjetischen Transportfahrzeugen. (Foto: Raf24-commonswiki © CC-BY-SA-4.0)

Die »sozialistischen Bruderländer«

Die Staaten des Ostblocks (aus Sicht der UdSSR gehörten dazu auch die Mongolei und Kuba) waren mit Abstand die größten Abnehmer sowjetischer Fahrzeuge. 1981 zählte man zum Beispiel seit Beginn der Exporttätigkeit etwa 80.000 sowjetische Lastkraftwagen in Bulgarien und je 60.000 in Polen und auf Kuba. Lkw und Pkw zusammengefasst exportierten die Sowjets allein im Jahre 1980 etwa 400.000 Fahrzeuge in die sozialistischen Länder.

Einen großen Anteil daran hatten Spezialfahrzeuge. Also Schneeräummaschinen, Brennstoffbehälter- und Tankwagen, Müllfahrzeuge, Feuerwehrfahrzeuge, Lebensmitteltransportfahrzeuge, Baufahrzeuge (z. B. Zementtransporter), Sattelauflieger und Anhänger. Und natürlich nicht zu vergessen: Militärfahrzeuge! Insgesamt zählte AVTOEXPORT 70 verschiedene Exportmodelle von Spezialfahrzeugen für das Jahr 1978 auf, die in die Länder des Ostblocks exportiert wurden.

Etwa 70 Prozent des Sowjetexports gingen in die Bruderländer. Dabei handelte es sich meistens um einen über sogenannte Transferrubel abgewickelte Tauschgeschäfte bei dem die UdSSR beispielsweise Jawa -Motorräder und Tatra- Lastwagen aus der

Tschechoslowakei sowie Ikarus -Busse aus der Volksrepublik Ungarn erhielt. Die DDR machte übrigens durchaus Gewinne mit den Produkten, die die SU für Transferrubel einkaufte.

Mit Kofferaufbau war der GAZ-66 in allen Bruderstreitkräften des Ostblocks vertreten.
(Foto: Astorion © CC-BY-SA-4.0)

Die Länder der damals sogenannten »Dritten Welt«, die man auf die Seite des Kommunismus ziehen wollte, waren wichtig für den sowjetischen Export. Ein GAZ-66 bei dem Dorf Nejhab in Afghanistan.

Ein Sattelschlepper vom Typ MAZ-54323 in Syrien, lange Zeit ein wichtiger Handelspartner im Nahen Osten.
(Foto: High Contrast © CC-BY-SA-3.0)

Eine Schwerlast-Sattelzugmaschine vom Typ MAZ-537 der ungarischen Armee mit dem Sattelauflieger TschMZAP-9990. (Foto: VargaA © CC-BY-SA-4.0)

Ein KamAZ-55102 Zweiseitenkipper, hier im mongolischen Teil des Altai-Gebirges unterwegs. (Foto: Igorewitsch © CC-BY-SA-3.0)

KamAZ-5320 im ländlichen Kasachstan, 2024

Moderner KamAZ-43118 mit Tankwagenaufbau aus Neftekamsk im verregneten Magadan, 2021.

MAZ-5334 mit Mobilkran bei der Reparatur einer Stromleitung an der Tadschikisch-Afghanischen Grenze. (Foto: Druschba 4 © CC-BY-SA-2.0)

Auf Devisenjagd im Westen

Zwar pflegte AVTOEXPORT auch viele Handelsbeziehungen zu westlichen Ländern, allerdings ging es denen vor allem um die Einfuhr billiger Personenkraftwagen. Nur vergleichsweise wenige Lkw fanden auch den Weg in den Westen. 1981 musste AVTOEXPORT eingestehen, dass man mit dem Export von Lastkraftwagen in die westliche Welt, bisher – trotz absoluter Dumpingpreise, die auch schon mal unter den Produktionskosten liegen konnten – wenig Erfolg hatte. Wörtlich hieß es dazu: »Die sowjetische Automobilindustrie meistert zurzeit die Produktion neuer Typen von… Lastkraftwagen und Sonderfahrzeugen. Einige von ihnen gelangten bereits auf die Weltmärkte Westeuropas, Afrikas, Amerikas und Asiens.« Sollte bedeuten: Wir werden mit neuen, konkurrenzfähigen Fahrzeugen in Zukunft auch in diesem Segment im Westen erfolgreich sein. Was letztlich aber nicht der Fall war.

KamAZ-53213 mit finnischer Montagebühne, auf dem Rückweg von der Leipziger Messe. (Foto: Ralf Weinreich)

Der »VEB Baumechanisierung Halle« baute Betonpumpen in »Anlehnung« an die Produkte der westdeutschen Firma »Schwing« auf KamAZ-53212-Fahrgestelle. (Foto: Ralf Weinreich)

Exporte in die DDR

Bereits vor der Gründung von AVTOEXPORT im Jahre 1956 waren nach dem Zweiten Weltkrieg rund 30.000 Lastkraftwagen in die sowjetische Besatzungszone, aus der ab dem 7. Oktober 1949 die DDR hervorging, geliefert worden. Nicht uneigennützig allerdings, denn einerseits brauchte es Transportkapazitäten, um die Tausende Tonnen Reparationsgüter in die Sowjetunion schaffen zu können, andererseits um möglichst schnell militärische Strukturen zu schaffen, die gegen die bösen Imperialisten im Westen bestehen konnten.

Nach 1956 wurde die sowjetische AVTOEXPORT zum größten Handelspartner des DDR-Außenhandelsbetriebes Transportmaschinen Export-Import. 1980 existierten 170 Werkstätten für sowjetische Lastwagen in der DDR. Neben typischen Konsumgütern exportierte die DDR im Gegenzug auch Maschinen und Fahrzeuge aus heimischer Fertigung in die Sowjetunion. So wurde zum Beispiel im Februar 1980 der 25.000. Lkw W 50 aus Ludwigsfelde in die Sowjetunion geschickt. Auf der anderen Seite waren bis Ende 1980 insgesamt 600.000 Automobile (Personenwagen und Lastwagen zusammengenommen) aus der Sowjetunion in die DDR geliefert worden.

Schon zu Beginn des Jahres 1990 brach der Handel mit der Sowjetunion dramatisch ein und spätestens mit der Währungsunion am 1. Juli des gleichen Jahres kamen die Tauschgeschäfte zum Erliegen. Die Fahrzeugimporte auf dem Lastwagensektor tendierten bald gegen null. Die NVA, einer der Hauptabnehmer, existierte nicht mehr und die Transportunternehmen, soweit sie noch existierten, stellten auf westliche Fabrikate um.

»Pausbacke-Ost« und »Pausbacke-West« – beide im Dienste von MINOL. (Foto: Ralf Weinreich)

Dieser Sattelzug mit MAZ-5432-Sattelzugmaschine war als Übertragungswagen des Fernsehens der DDR im Einsatz. (Foto: Ralf Weinreich)

Noch Mitte der 90er Jahre diente diese KamAZ-54112 als Zugmaschine in einem Schaustellerunternehmen. (Foto: Ralf Weinreich)

Beim VEB-Kraftverkehr-Halle war dieser KamAZ-Lastzug im Einsatz. (Foto: T. Gäuer)

Ein GAZ-66 mit Kofferaufbau in Diensten der NVA. Die Nationale Volksarmee der DDR wäre ohne sowjetische Lastwagen kaum existenzfähig gewesen. (Foto: joost j. bakker © CC-BY-SA-2.0)

Ein Tankfahrzeug TSA-7,5-500A auf dem Fahrgestell das MAZ-500A war für den VEB Minol in der DDR unterwegs. Es wird heute museal erhalten. (Foto: Ralf Weinreich)

Eine völlig irre Geschichte spielte sich im April 2008 im Untergrund der Stadt Leipzig ab; beim Bau eines Bahntunnels, des aus zwei Röhren bestehenden City-Tunnels, der die Stadt unterqueren sollte, stellte sich folgendes Problem: Aus Kostengründen wollte man vermeiden, die Schildvortriebsmaschine »Leonie« nach dem Bau der ersten Röhre zu demontieren und per Schwertransport nachts durch die ganze Stadt zu ihrem neuen Einsatzort zum Bau der zweiten Röhre zu fahren. Also dachte man drüber nach, sie im Ganzen durch die bereits fertige Röhre zurück zu ziehen. Aber gewöhnliche Schwerlastzugmaschine fielen wegen ihrer Straßenreifen aus, denen auf der Rundung des Röhrenbodens der nötige Gripp fehlte. Und so kam man auf den Einfall die MAZ-537-Sattelzugmaschine eines Sammlers, mit reichlich Ballast zu beschweren und als Zugfahrzeug einzusetzen. Einen entscheidender Vorteil brachte die gewaltige Niederdruckbereifung. Und mit Hilfe eines Radladers ging dann der Transport problemlos durch die Röhre. (Foto. Ralf Weinreich)

К А М А З
LASTKRAFTWAGEN
KamAZ-4310

DER LASTKRAFTWAGEN
KAMAS-53212
TURBO V8
К А М А З

Die Leipziger Messe war ja für die meisten DDR-Bürger das »Tor zur Welt«. Besonders auf der Herbstmesse stellten Hersteller aus so ziemlich allen Ländern der Welt ihre Produkte aus. Die Exponate der UdSSR waren zwar nicht besonders »prickelnd«, aber um die schweren Nutzfahrzeuge im Bild festzuhalten, konnte man schon einmal die Kamera aus der Tasche packen. (Fotos: Ralf Weinreich)

Technische Daten

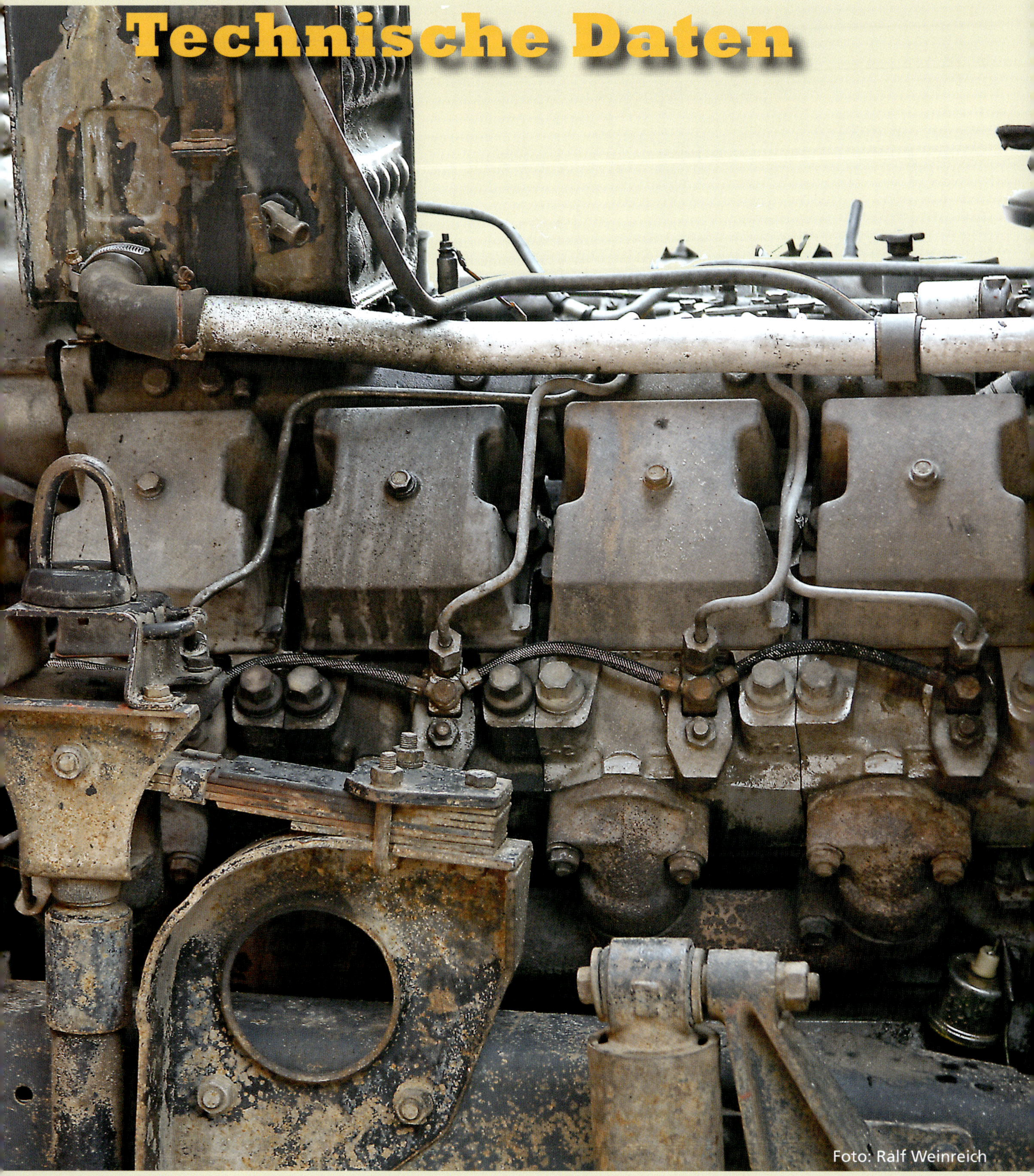

Foto: Ralf Weinreich

Technische Daten ausgewählter GAZ-Modelle

Typ	GAZ-51A	GAZ-63	GAZ-52-03	GAZ-66
Bauart	**Hauben-LKW, 4 x 2**	**Hauben-LKW, 4 x 4**	**Hauben-LKW, 4 x 2**	**Frontlenker-LKW, 4 x 4**
Motor				
Typ	GAZ-51	GAZ-51	GAZ-52	ZMZ-66
Arbeitsweise	flüssigkeitsgekühlter Viertakt-Ottomotor			
Zylinderzahl/Anordnung	6/Reihe	6/Reihe	6/Reihe	8/V
Bohrung/Hub (mm)	82/110	82/110	82/110	92/80
Hubraum (cm³)	3480	3480	3480	4254
Verdichtung	6,2:1	6,2:1	6,2:1	6,7:1
Leistung (PS bei U/min)	70/2800	70/2800	75/2900	115/3200
Drehmoment (Nm bei U/min)	201/1600	201/1600	206/1600	284/2100
Kraftübertragung				
Antrieb	Hinterachse	Allrad	Hinterachse	Allrad
Kupplung	Einscheiben-Trockenkupplung			
Gangzahl vor/rück	4/1	2 x 4/1	4/1	2 x 4/1
Fahrwerk				
Rahmen	Leiterrahmen	Leiterrahmen	Leiterrahmen	Leiterrahmen
Achsen vorn/hinten	Starrachsen	Starrachsen	Starrachsen	Starrachsen
Federung vorn/hinten	Blattfedern	Blattfedern	Blattfedern	Blattfedern
Bereifung vorn/hinten	7.50-20	9.75-18 o. 10.00-18	7.50-20	12.00-18
Allgemeine Daten				
Länge/Breite/Höhe (mm)	5725/2280/2130	5525/2200/2245	6395/2380/2190	5655/2322/2440
Radstand (mm)	3300	3300	3700	3300
Spurweite vorn/hinten (mm)	1589/1650	1588/1600	1577/1650	1800/1750
Bodenfreiheit (mm)	245	270	265	315
Leermasse (kg)	2710	3280	2815	3470
Nutzmasse (kg)	2500	2000	2500	2000
Tankinhalt (l)	90	95 o. 105	90	2 x 105
V max. (km/h)	70	65	70	95
Verbrauch je 100 km (l)	min. 20	min. 25	min. 22	min. 24
Bauzeit	1955-1975	1948-1968	1966-1973	1964-1999

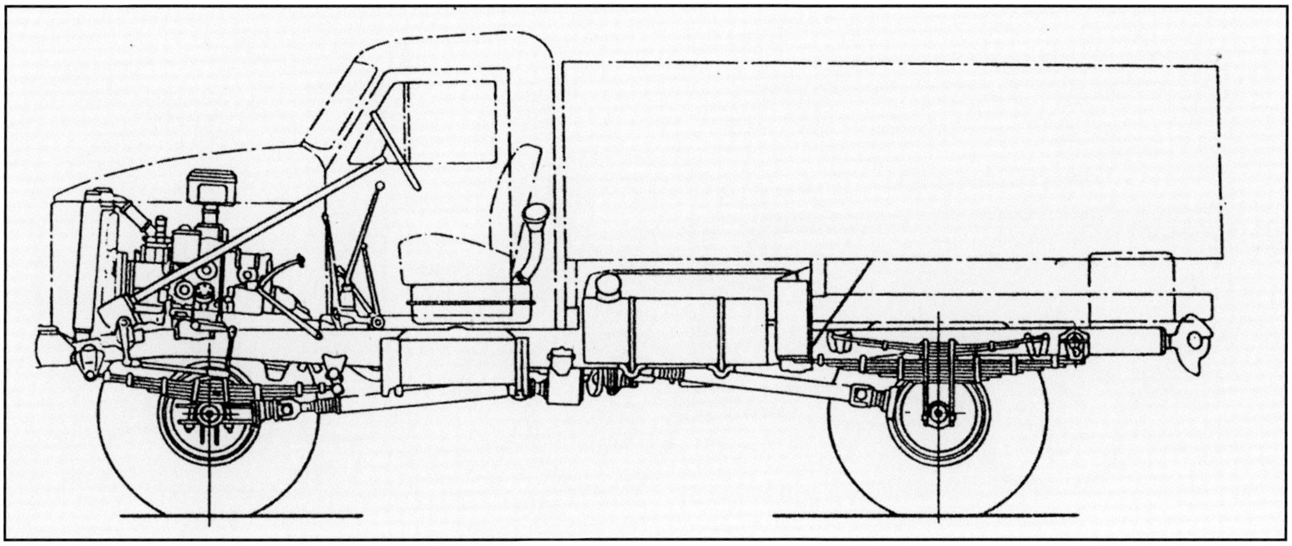

Eine Funktionsskizze für den GAZ-63 Pritschenwagen.

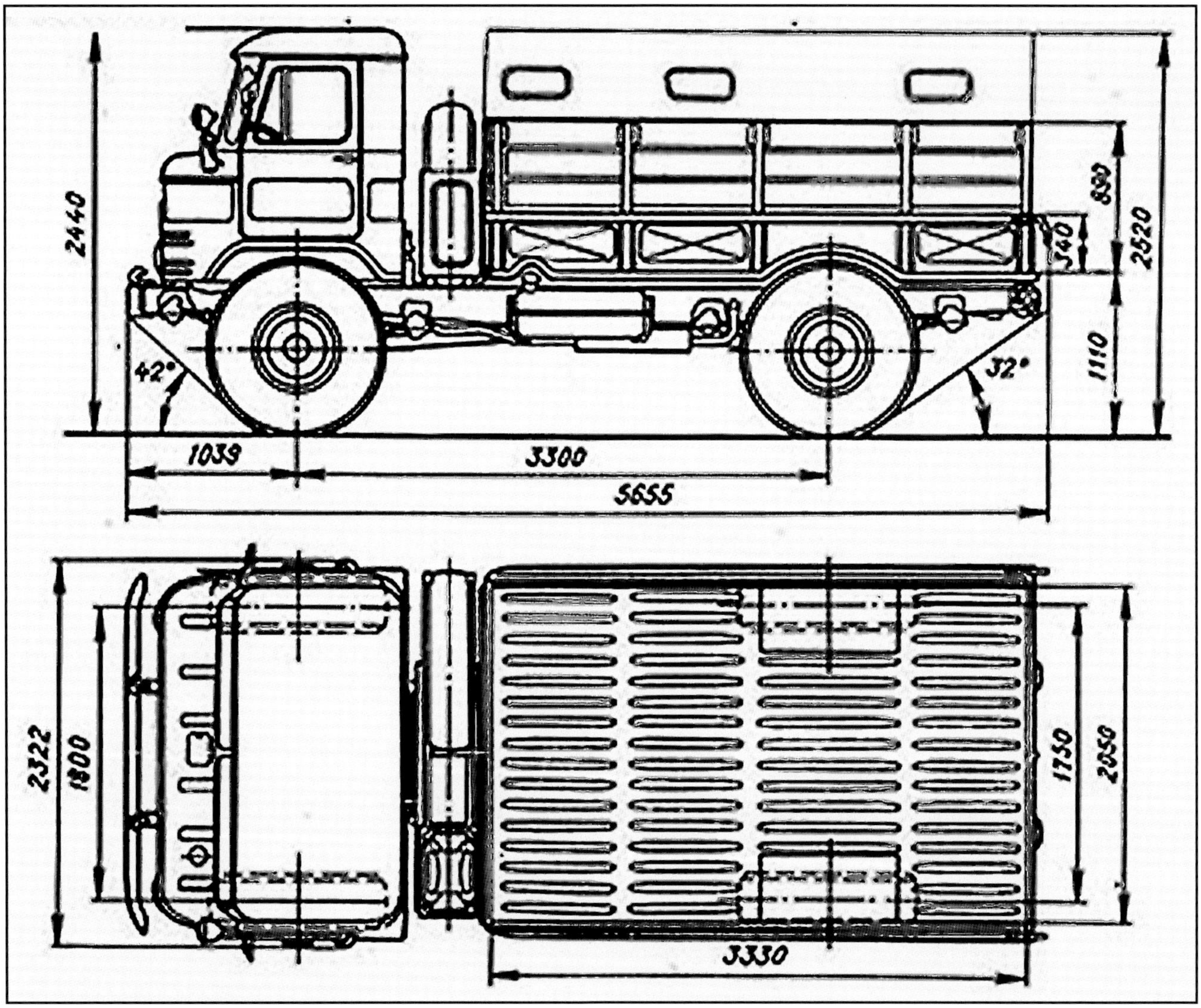

Die Maße des GAZ-66 in Pritschenausführung.

Die Maße des GAZ-66 mit einem Kofferaufbau für die sowjetische Post. (Foto: outlines © CC-BY-SA-4.0)

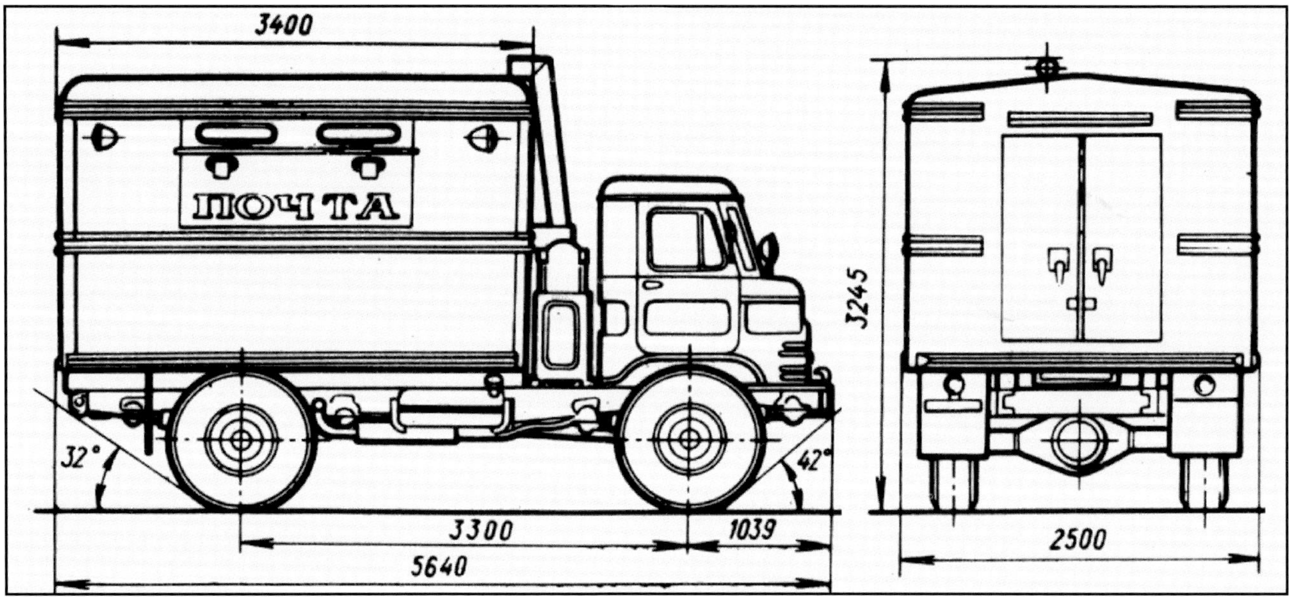

Technische Daten ausgewählter KAZ-Modelle

Typ	KAZ-606A	KAZ-608	KAZ-608W	KAZ-MMZ-4502
Bauart	Frontlenker-Sattelschlepper 4 x 2	Frontlenker-Sattelschlepper 4 x 2	Frontlenker-Sattelschlepper 4 x 2	Frontlenker-Hinterkiper 4 x 2
Motor				
Typ	ZIL-157KJa	ZIL-130Ja5	ZIL-130Ja5	ZIL-130Ja5
Arbeitsweise	flüssigkeitsgekühlter Viertakt-Ottomotor			
Zylinderzahl/Anordnung	6/Reihe	8/V	8/V	8/V
Bohrung/Hub (mm)	101,6/114,3	100/95	100/95	100/95
Hubraum (cm³)	5550	5969	5969	5969
Verdichtung	6,2:1	6,5:1	6,5:1	6,5:1
Leistung (PS bei U/min)	109/2800	150/3200	150/3200	150/3200
Drehmoment (Nm bei U/min)	334/1250	402/1900	402/1900	402/1900
Kraftübertragung				
Antrieb	Hinterachse	Hinterachse	Hinterachse	Hinterachse
Kupplung	Einscheiben-Trockenkupplung			
Gangzahl vor/rück	5/1	5/1	5/1	5/1
Fahrwerk				
Rahmen	Leiterrahmen	Leiterrahmen	Leiterrahmen	Leiterrahmen
Achsen vorn/hinten	Starrachsen	Starrachsen	Starrachsen	Starrachsen
Federung vorn/hinten	Blattfedern	Blattfedern	Blattfedern	Blattfedern
Bereifung vorn/hinten	260-20 o. 9.00-20	260-20	260-20	260-20
Allgemeine Daten				
Länge/Breite/Höhe (mm)	4905/2300/2370	5155/2360/2440	5165/2360/2500	k. A.
Radstand (mm)	2800	2900	2900	2900
Spurweite vorn/hinten (mm)	1770/1740	1800/1790	1800/1790	1800/1790
Bodenfreiheit (mm)	265	270	270	270
Nutzmasse (kg)	4300	4500	4500	5800
Tankinhalt (l)	2 x 105	2 x 105	2 x 125	k. A.
V max. (km/h)	65	80	80	90
Verbrauch je 100 km (l)	40	35	38,5	35
Bauzeit	1961-1967	1968-1976	1976-1986	1976-k. A.

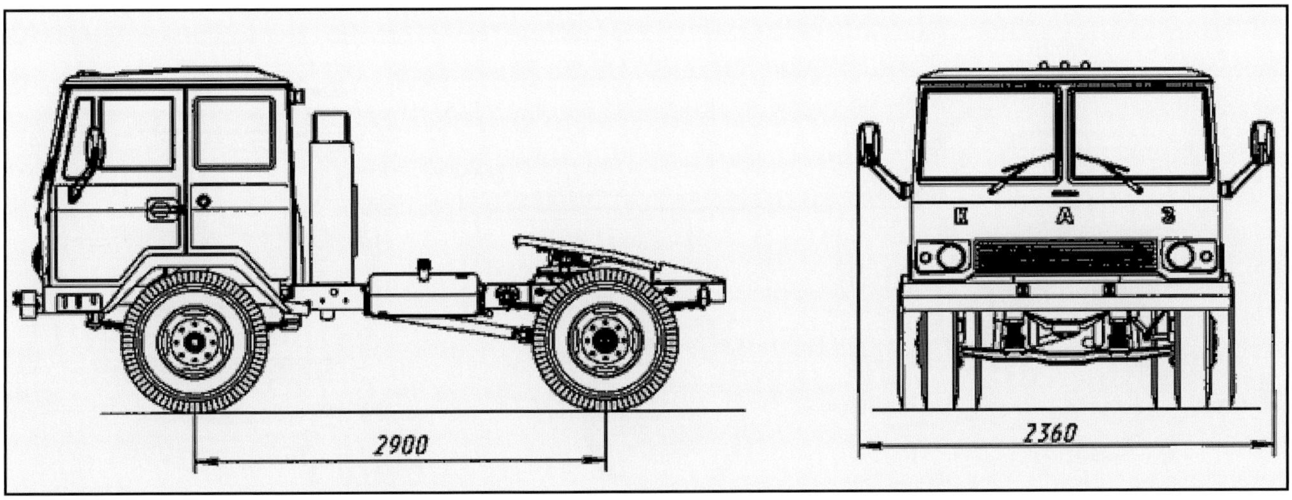

Die Maße der Sattelzugmaschine KAZ-608W.

Technische Daten ausgewählter MAZ-Modelle

Typ	MAZ-500 (A)	MAZ-504W	MAZ-509	MAZ-516
Bauart	**Frontlenker-LKW, 4 x 2**	**Frontlenker-Sattelschlepper, 4 x 2**	**Frontlenker-Holztransporter, 4 x 4**	**Frontlenker-LKW, 6 x 2**
Motor				
Typ	JaMZ-236	JaMZ-238	JaMZ-236	JaMZ-236
Arbeitsweise	flüssigkeitsgekühlter Viertakt-Dieselmotor			
Zylinderzahl/Anordnung	6/V	8/V	6/V	6/V
Bohrung/Hub (mm)	130/140	130/140	130/140	130/140
Hubraum (cm³)	11150	14860	11150	11150
Verdichtung	16,5:1	16,5:1	16,5:1	16,5:1
Leistung (PS bei U/min)	180/2100	240/2100	180/2100	180/2100
Drehmoment (Nm bei U/min)	667/1500	883/1500	667/1500	667/1500
Kraftübertragung				
Antrieb	Hinterachse	Hinterachse	Allrad	Mittelachse
Kupplung	Einscheiben-Trockenkupplung	Zweischeiben-Trockenkupplung	Zweischeiben-Trockenkupplung	Einscheiben-Trockenkupplung
Gangzahl vor/rück	5/1	5/1	2 x 5/1	5/1
Fahrwerk				
Rahmen	Leiterrahmen	Leiterrahmen	Leiterrahmen	Leiterrahmen
Achsen vorn/hinten	Starrachsen	Starrachsen	Starrachsen	Starrachsen
Federung vorn/hinten	Blattfedern	Blattfedern	Blattfedern	Blattfedern
Bereifung vorn/hinten	11.00-20 o. 12.00-20	11.00-20 o. 12.00-20	12.00-20	11.00-20 o. 12.00-20
Allgemeine Daten				
Länge/Breite/Höhe (mm)	7140/2500/2650	5630/2500/2720	6770/2600/2900	8520/2500/2650
Radstand (mm)	3850 (3950)	3400	3960	3850 + 1455
Spurweite vorn/hinten (mm)	1950/1860	1970/1865	1950/1900	1950/1860
Bodenfreiheit (mm)	270	270	300	270
Leermasse (kg)	6650	6650	8800 ohne Nachläufer	8800
Nutzmasse (kg)	7500 (8000)	7700	5500	14500
Tankinhalt (l)	200	2 x 200	175 (Option + 175)	2 x 175
V max. (km/h)	80 (85)	85	60	85
Verbrauch je 100 km (l)	29	40	48	45
Bauzeit	1963-1970 (1977)	1970-1990	1966-1978	1969-1973

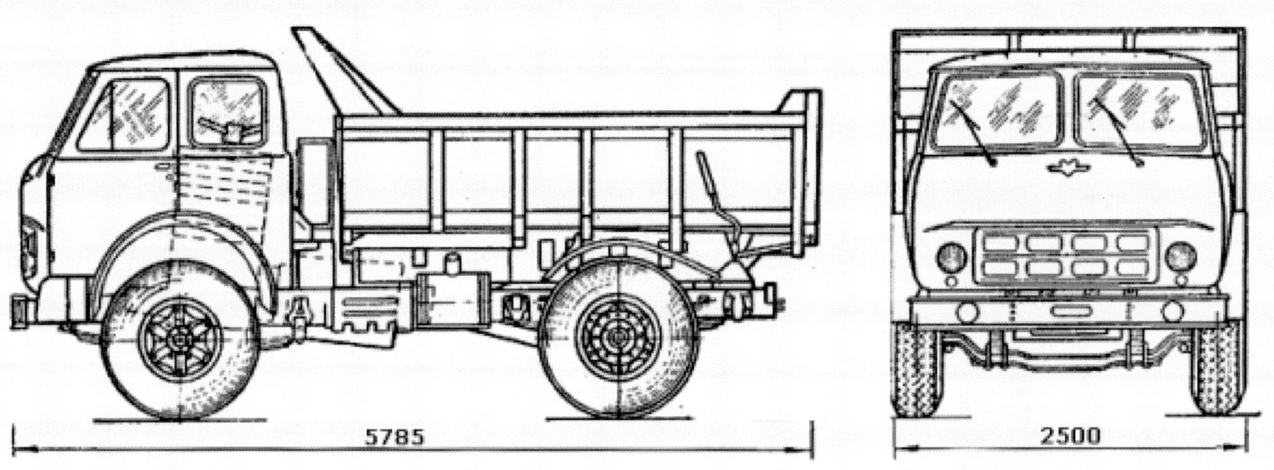

Die Maße des Kippers MAZ-503A.

TECHNISCHE DATEN

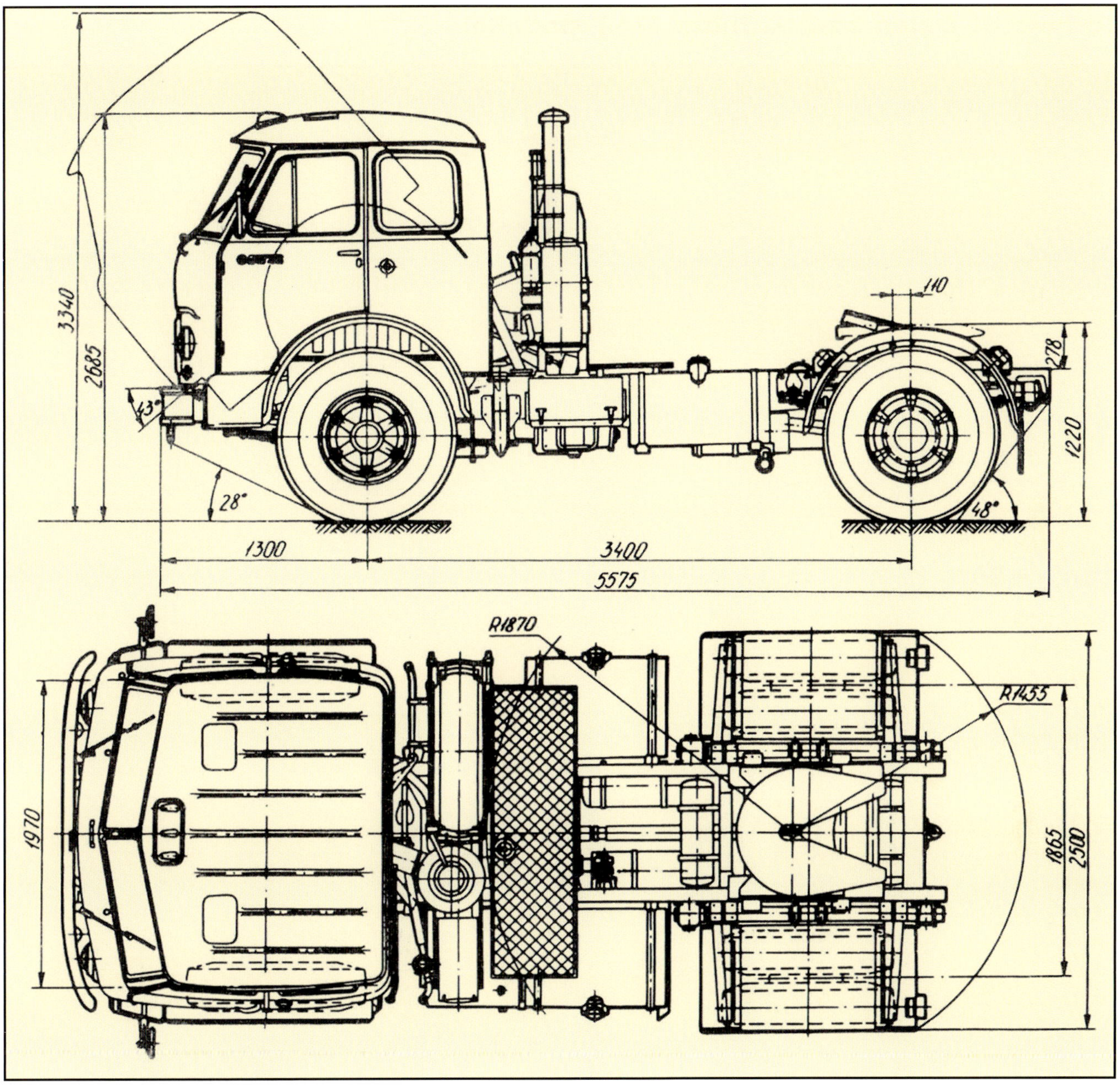

Die Maße des Sattelschleppers MAZ-504W.

Die Typen MAZ-5335, MAZ-5549 und MAZ-509A (v.l.n.r.).

Technische Daten ausgewählter MAZ-Modelle

Typ	MAZ-5335	MAZ-6422	MAZ-5432	MAZ-537
Bauart	Frontlenker-LKW, 4 x 2	Frontlenker-Sattelschlepper, 6 x 4	Frontlenker-Sattelschlepper, 4 x 2	Schwerlast-Sattelzug-maschine, 8 x 8
Motor				
Typ	JaMZ-236	JaMZ-238F	JaMZ-238P	D12A-525
Arbeitsweise	flüssigkeitsgekühlter Viertakt-Diesel-Motor			
Zylinderzahl/Anordnung	6/V	8/V	8/V	12/V
Bohrung/Hub (mm)	130/140	130/140	130/140	6 x 150/180 / 6 x 150/186,7
Hubraum (cm³)	11150	14860	14860	38880
Verdichtung	16,5:1	16,5:1	16,5:1	14,0:1 und 15,0:1
Leistung (PS bei U/min)	180/2100	320/2100	280/2100	525/2100
Drehmoment (Nm bei U/min)	667/1500	1120/1500	1050/1500	2158/1300
Kraftübertragung				
Antrieb	Hinterachse	Hinterachsen	Hinterachse	Allrad
Kupplung	Zweischeiben-Trocken-kupplung	Zweischeiben-Trocken-kupplung	Zweischeiben-Trocken-kupplung	hydrodynamischer Drehmomentwandler
Gangzahl vor/rück	5/1	8/1	8/1	2 x 3/1
Fahrwerk				
Rahmen	Leiterrahmen	Leiterrahmen	Leiterrahmen	Leiterrahmen
Achsen vorn/hinten	Starrachsen	Starrachsen (schwingend)	Starrachsen (schwingend)	Einzelradaufhängung
Federung vorn/hinten	Blattfedern	Blattfedern	Blattfedern	Drehstab/keine
Bereifung vorn/hinten	11.00-20 o. 12.00-20	12.00 R20	12.00 R20	18.00-24 ND
Allgemeine Daten				
Länge/Breite/Höhe (mm)	7250/2500/2700	6540/2500/3160	6050/2500/3160	8960/2885/2880
Radstand (mm)	3950	2900 + 1400	3550	1700 + 2650 + 1700
Spurweite vorn/hinten (mm)	1970/1865	2000/1790	2000/1790	2200/2200
Bodenfreiheit (mm)	270	270	270	500
Leermasse (kg)	6800	9050	7050	21600
Nutzmasse (kg)	8000	14700	8800	25000
Tankinhalt (l)	200	350	350	2 x 420
V max. (km/h)	85	92	88	55
Verbrauch je 100 km (l)	29	45,5	38	125
Bauzeit	1977-1990	1978-1989	1981-1997	1960-1990

Die Typen und MAZ-5432, und MAZ-6422, zweimal mit Pritschen- und einmal mit Containerauflieger (v.l.n.r.).

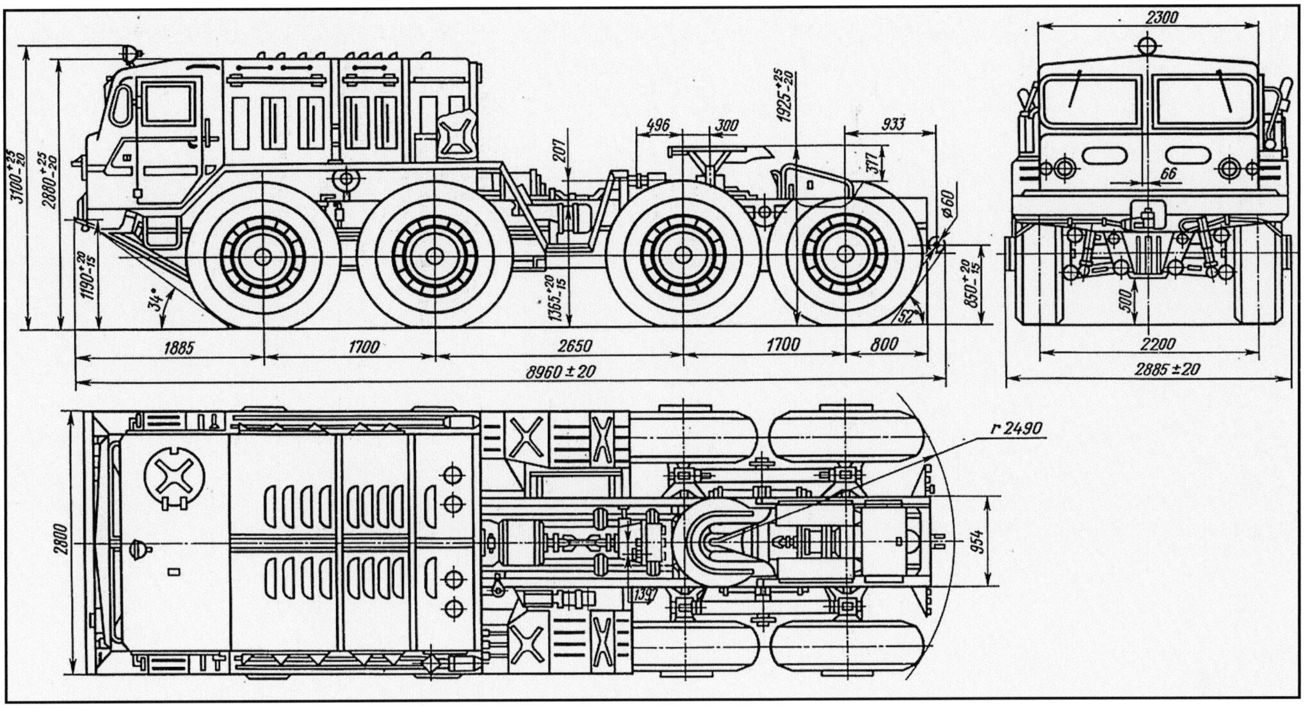

Die Maße der Schwerlast-Sattelzugmaschine MAZ-537.

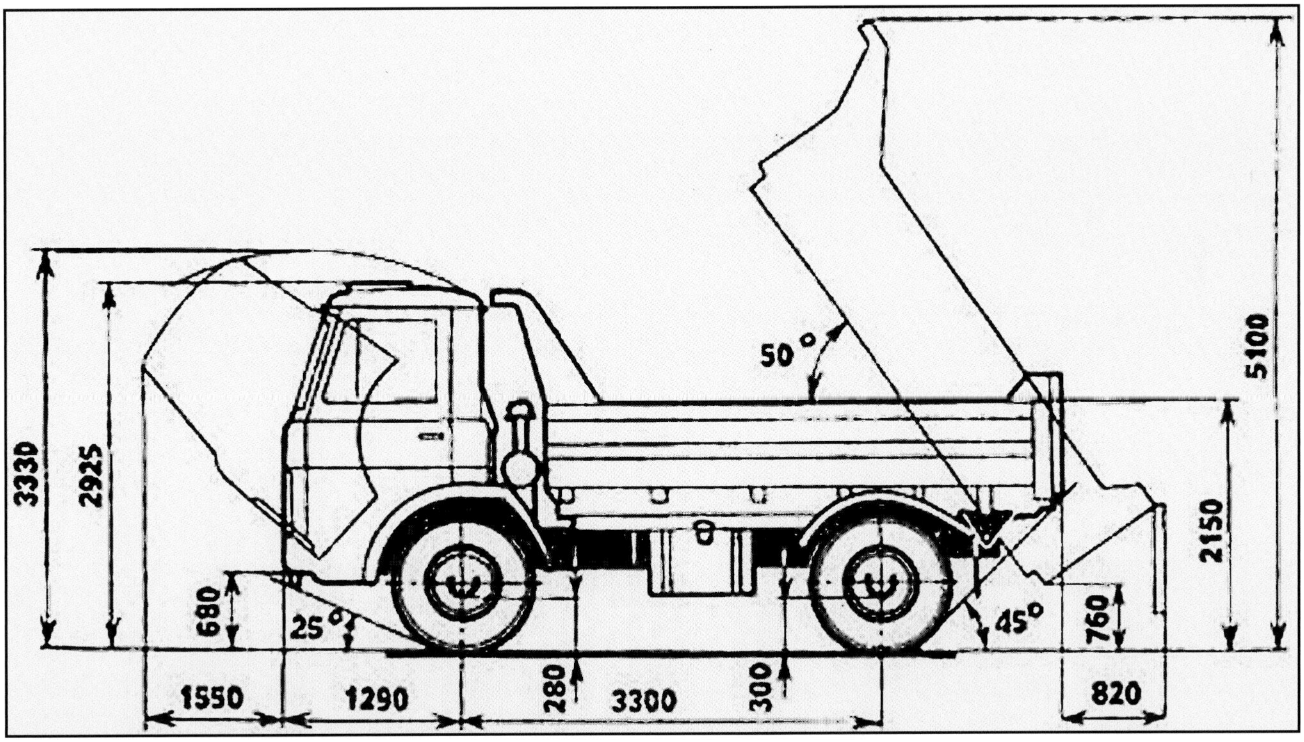

Die Maße des ab 1985 gefertigten Kippers MAZ-5551.

Technische Daten ausgewählter KamAZ-Modelle (Stand 1986)

Typ	KamAZ-5320	KamAZ-5410	KamAZ-5511	KamAZ-43105
Bauart	Frontlenker-LKW, 6 x 4	Frontlenker-Sattelschlepper, 6 x 4	Frontlenker-Hinterkipper, 6 x 4	Frontlenker-LKW, 6 x 6
Motor				
Typ	KamAZ-740	KamAZ-740	KamAZ-740	KamAZ-740
Arbeitsweise	flüssigkeitsgekühlter Viertakt-Dieselmotor			
Zylinderzahl/Anordnung	8/V	8/V	8/V	8/V
Bohrung/Hub (mm)	120/120	120/120	120/120	120/120
Hubraum (cm³)	10850	10850	10850	10850
Verdichtung	16,0:1	16,0:1	16,0:1	16,0:1
Leistung (PS bei U/min)	210/2600	210/2600	210/2600	210/2600
Drehmoment (Nm bei U/min)	639/1650	639/1650	639/1650	639/1650
Kraftübertragung				
Antrieb	Hinterachsen	Hinterachsen	Hinterachsen	Allrad
Kupplung	Zweischeiben-Trocken-kupplung	Zweischeiben-Trocken-kupplung	Zweischeiben-Trocken-kupplung	Zweischeiben-Trocken-kupplung
Gangzahl vor/rück	2 x 5/1	2 x 5/1	2 x 5/1	2 x 5/1
Fahrwerk				
Rahmen	Leiterrahmen	Leiterrahmen	Leiterrahmen	Leiterrahmen
Achsen vorn/hinten	Starrachsen	Starrachsen	Starrachsen	Starrachsen
Federung vorn/hinten	Blattfedern	Blattfedern	Blattfedern	Blattfedern
Bereifung vorn/hinten	9.00 R20	9.00 R20	9.00 R20	1220x400-533
Allgemeine Daten				
Länge/Breite/Höhe (mm)	7435/2500/2830	6180/2500/3830	7140/2500/2700	7960/2500/2830
Radstand (mm)	3190 + 1320	2840 + 1320	2840 + 1320	3340 +1320
Spurweite vorn/hinten (mm)	2026/1856	2026/1856	2026/1850	2010/2010
Bodenfreiheit (mm)	280	280	280	365
Leermasse (kg)	7080	6650	8850	8200
Nutzmasse (kg)	8000	8100	10000	7000
Tankinhalt (l)	170	2 x 125	170	250
V max. (km/h)	80-100	80-100	80-90	85
Verbrauch je 100 km (l)	35	35	35	35
Bauzeit	1976-2000	1976-2006	1977-1990	1981-1989

Die Tabellen führen nur KamAZ-Modelle mit konventionellem Saugdieselmotor auf. Ab 1986 konnte alternativ auch der Motor KamAZ-7403 mit Abgasturbolader eingesetzt werden. Dieser Motor leistete 260 PS bei 2600 U/min und wies ein Drehmoment von 785 Nm bei 1700 U/min auf. Die Verdichtung lag bei 16,0:1.

KamAZ-5511, KamAZ-5320 und Kam-AZ-5410 (v.l.n.r.).

Technische Daten ausgewählter KamAZ-Modelle

Typ	KamAZ-53212	KamAZ-54112	KamAZ-55111	KamAZ-5325
Bauart	**Frontlenker-LKW, 6 x 4**	**Frontlenker-Sattelschlepper, 6 x 4**	**Frontlenker-Hinterkipper, 6 x 4**	**Frontlenker-LKW, 4 x 2**
Motor				
Typ	KamAZ-740	KamAZ-740	KamAZ-740	KamAZ-740
Arbeitsweise	flüssigkeitsgekühlter Viertakt-Diesel-Motor			
Zylinderzahl/Anordnung	8/V	8/V	8/V	8/V
Bohrung/Hub (mm)	120/120	120/120	120/120	120/120
Hubraum (cm³)	10850	10850	10850	10850
Verdichtung	16,0:1	16,0:1	17,0:1	17,0:1
Leistung (PS bei U/min)	210/2600	210/2600	220/2600	220/2600
Drehmoment (Nm bei U/min)	639/1650	639/1650	667/1650	667/1650
Kraftübertragung				
Antrieb	Hinterachsen	Hinterachsen	Hinterachsen	Hinterachse
Kupplung	Zweischeiben-Trocken-kupplung	Zweischeiben-Trocken-kupplung	Zweischeiben-Trocken-kupplung	Zweischeiben-Trocken-kupplung
Gangzahl vor/rück	2 x 5/1	2 x 5/1	5/1 oder 2 x 5/1	5/1
Fahrwerk				
Rahmen	Leiterrahmen	Leiterrahmen	Leiterrahmen	Leiterrahmen
Achsen vorn/hinten	Starrachsen	Starrachsen	Starrachsen	Starrachsen
Federung vorn/hinten	Blattfedern	Blattfedern	Blattfedern	Blattfedern
Bereifung vorn/hinten	9.00 R20	9.00 R20	9.00 R20	12.00 R20
Allgemeine Daten				
Länge/Breite/Höhe (mm)	8530/2500/3650	6180/2500/2830	6580/2500/2710	8560/2500/3920
Radstand (mm)	3690 + 1320	2840 + 1320	2840 + 1320	4650
Spurweite vorn/hinten (mm)	2026/1856	2026/1856	2019/1870	2012/1800
Bodenfreiheit (mm)	280	280	290	290
Leermasse (kg)	8000	7000	9050	7790
Nutzmasse (kg)	10000	11350	13000	11060
Tankinhalt (l)	250	250	175	350
V max. (km/h)	80-100	80-100	90	100
Verbrauch je 100 km (l)	30	35	35	35
Bauzeit	1980-2002	1980-2006	1988-2012	seit 1988

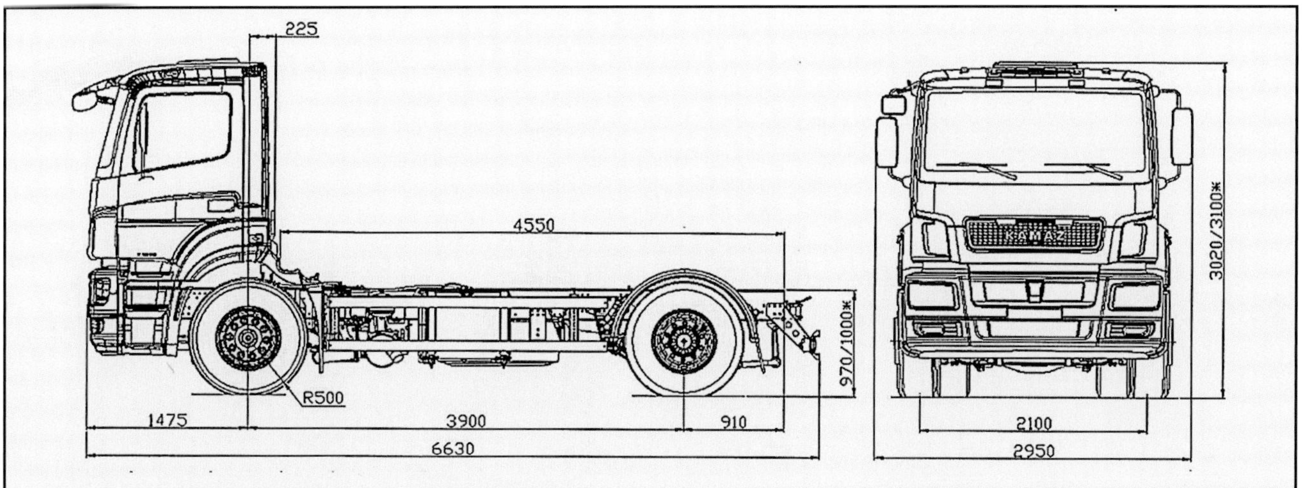

Die Maße des Zweiachsers KamAZ-5325 ohne Aufbau.

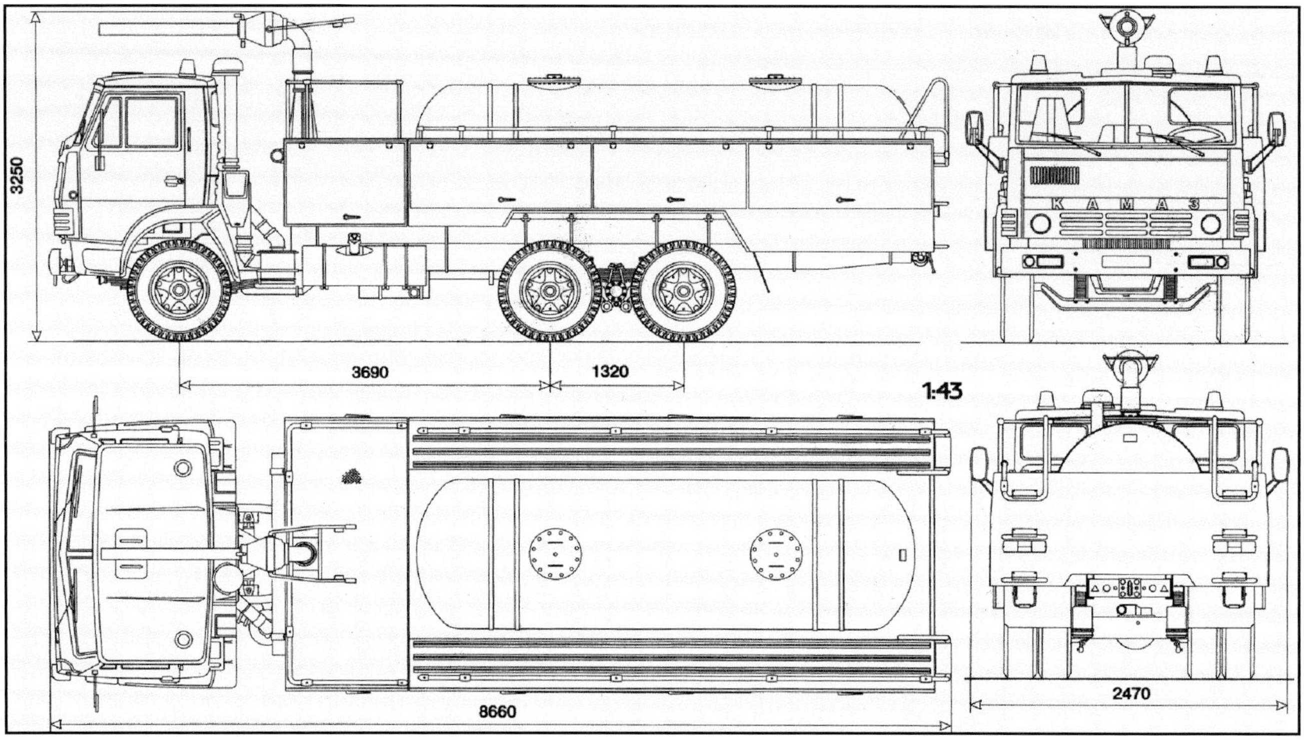

Die Maße des Pulverlöschfahrzeugs AP-5(53213)-196 auf Fahrgestell des KamAZ-53213.

Die Maße des Sattelschleppers KamAZ-5410.

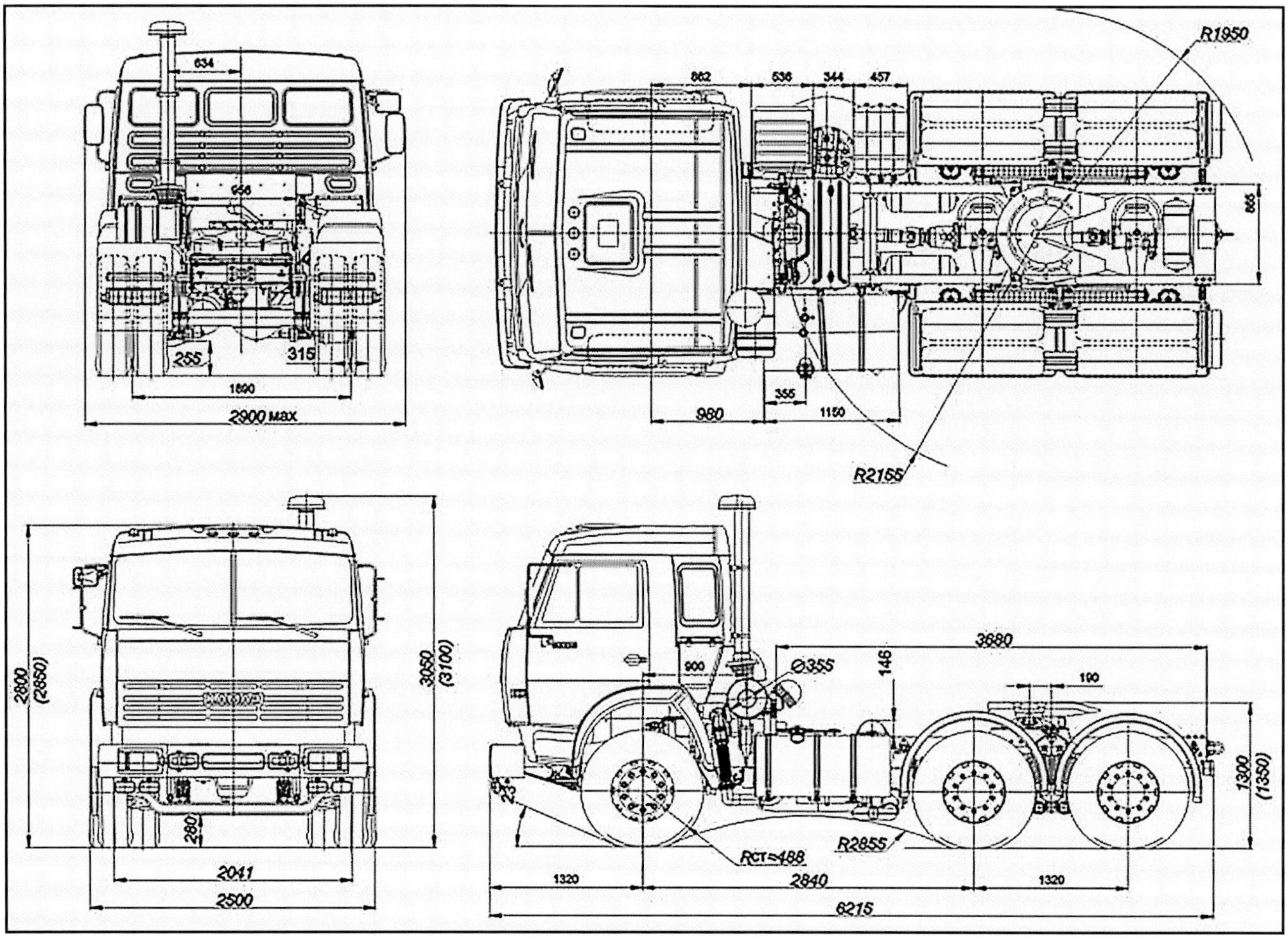